ネット通販は「物流」が決め手!

株式会社スクロール360
高山隆司

ダイヤモンド社

はじめに

いま、ネット通販市場が急拡大し、多くの企業が殺到している。しかし、「ネット通販に新規参入したがうまくいっていない」という相談を受けるケースも激増している。ヒアリングしてみるとそのほとんどが物流を軽視し、あるいは物流が破綻しているのである。

「ネット通販成功の鍵は物流が握っている」と言っても過言ではない。

日本通信販売協会の調査によれば、ネット通販市場はこの10年間で3兆円売り上げが伸びた。3兆円の物流がネット通販にシフトしたということだ。ところがネット通販物流という特殊な業務に関する経験則やノウハウがそれに追いついていないのが実情である。

メーカーや小売店舗向けの「B2B物流」とネット通販の「B2C物流」は根本的に違うことを認識しないまま、無謀にも事業をスタートし、うまくいかず途方に暮れている担当者がいかに多いことか…。

現在、筆者はスクロール360においてネット通販企業向けのソリューション事業を担当している。親会社のスクロールはB2C通販事業を60年にわたって手掛け、ネット通販物流にも精通している。そのノウハウを活用しネット通販企業の物流や受注、決済といったバックヤードの代行をしているのがスクロール360だ。ネット通販企業のプロモーションやオムニチャネル戦略設計のお手伝いに至ることも度々ある。

現在、ネット通販物流でスクロール360がサポートしている企業は約100社、年間の流通総額では750億円にのぼる。毎日3万5000件のB2C出荷を通販60年の経験則を生かし、正確にこなしている。

ここでネット通販の物流現場で見かける特有のトラブルをいくつか挙げてみよう。

トラブル1

ギフトで送り先が注文者と異なる場合、経験則のないスタッフがやると商品に請求書を同梱してしまうケースがある。

大切な方に選びに選んだ贈り物に請求書がついていったらどんなクレームになるかはご想像にお任せするが、ギフト出荷（送り先変更有）の伝票は通常出荷と分けて区別がつくように伝票発行しなければならない。

トラブル2

食品の出荷の場合、賞味期限の古いものから「先入れ先出し」で出荷するのが原則だが、賞味期限の違う商品を同一客に送るのはクレームを誘発する。

「なんで2個のうち1個は古いのを送ってくるの！」というクレームになる。「1個新しいのを入れてくれてありがとう！」とはならないのである。ロットをまたぐピッキングでは同一賞味期限に揃えて出荷しなければならない。

トラブル3

配達が翌週の金曜日指定の注文に対応するため伝票を先に発行し、翌週の木曜日に伝票を商品に貼付し発送したとする。

このお客様が後払いを選択しているとトラブルになるケースがある。システムの設定で伝票発行から1週間後の督促となっている場合、商品到着と同時に、後払いの督促が到着してしまうことになる。伝票発行から何日後に督促状が出る仕組みかを理解していないと、伝票の先出しはできないということだ。

ネット通販市場は1980年代の総合通販を源流とし、1990年代の単品通販、2000年代からのテレビショッピングとECを経て、クロスメディア(XM)、オムニチャネルへと大きな変貌を遂げてきた。

いまや、百貨店・スーパーの市場を追い越し、それらの流通企業と融合し、様々なデバイスの進化やSNSの普及により、さらに拡大しつつある。

業界を問わず、市場の拡大は企業の浮き沈みと表裏の関係にある。ネット通販業界においても、ここ10年間で売上高ランキングの顔触れはほとんど入れ替わった。

アマゾンや楽天がトップに躍り出るとともに、製造業や大手小売業の参入、さらにはメディア企業やSNS企業の取組みなどビジネス・スキームも多様化してきた。一方で、化粧品やサプリメントを中心とした従来からのリピート通販もシニア層に根強い人気を保ち、いまなお新聞やテレビなどのマス媒体とコールセンターを、プロモーション手段の中核に据えている。

さらに近年ではクロスメディアから発展し、オムニチャネル化が進んでいくと言われている。フェイスブックで友達が自慢した電化製品を店頭で確認し、店員に詳しく使用方法を聞き、帰りの電車の中でスマホを使って各店舗の価格比較をし、一番安かったネット通

図表1　ネット通販の歴史

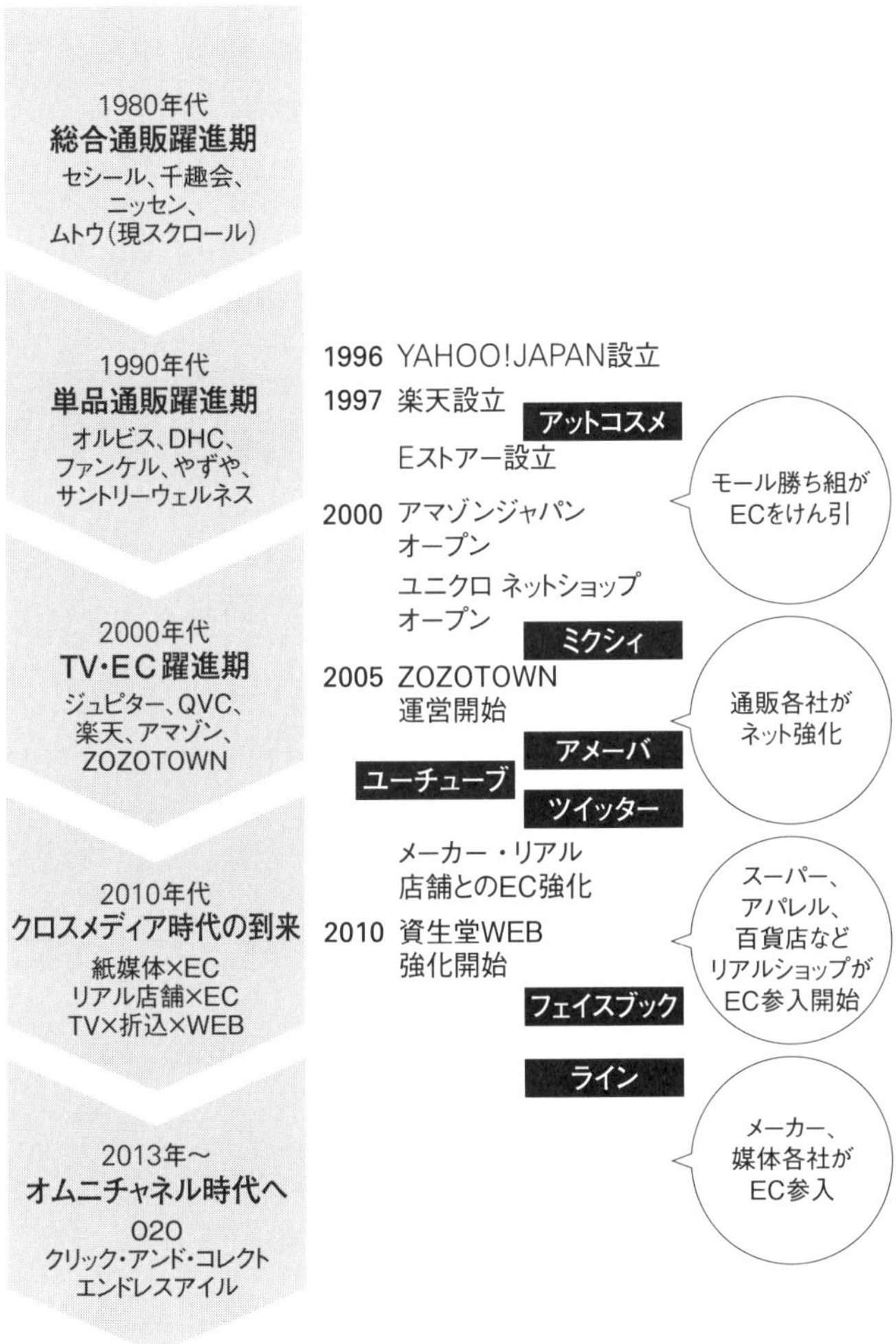
1980年代
総合通販躍進期
セシール、千趣会、
ニッセン、
ムトウ(現スクロール)
1990年代
単品通販躍進期
オルビス、DHC、
ファンケル、やずや、
サントリーウェルネス
2000年代
TV・EC躍進期
ジュピター、QVC、
楽天、アマゾン、
ZOZOTOWN
2010年代
クロスメディア時代の到来
紙媒体×EC
リアル店舗×EC
TV×折込×WEB
2013年〜
オムニチャネル時代へ
O2O
クリック・アンド・コレクト
エンドレスアイル
1996 YAHOO!JAPAN設立
1997 楽天設立
アットコスメ
Eストアー設立
2000 アマゾンジャパン
オープン
ユニクロ ネットショップ
オープン
ミクシィ
2005 ZOZOTOWN
運営開始
アメーバ
ユーチューブ
ツイッター
メーカー・リアル
店舗とのEC強化
2010 資生堂WEB
強化開始
フェイスブック
ライン
モール勝ち組が
ECをけん引
通販各社が
ネット強化
スーパー、
アパレル、
百貨店など
リアルショップが
EC参入開始
メーカー、
媒体各社が
EC参入

販会社に注文するといった消費行動がますます普及していくだろう。リアル店舗で成功を収めている企業も、ネット通販という選択肢を持たざるを得ないのは明白である。

その中で、「**経営視点で物流を組み立てることができた企業**」こそが、この乱世を生き残る資格を得ることになる。

ネット通販の物流というと、「倉庫でピッキングして梱包して宅配会社に引き渡す」ということをイメージしがちだが、**最も大切なことは経営視点でビジネス戦略とロジスティクス戦略をつなぐことだ。**

「物流コストさえ下がれば良い」と考えているネット通販企業の経営者は多い。ところが、物流コストを削りたいがために、過度に在庫を減らし、注文受付後に商品を手配するという方式を採り、商品発送までのスピードが悪化し、顧客サービスも悪化、結果として売上が低迷しているケースがある。逆に欠品を恐れ過度に在庫を積み上げたために、資本の回転率が落ち、キャッシュ・フローが悪くなるケースもある。

ネット通販物流には特有のノウハウがあり、それは数々の失敗を経験して初めて身についていくものだ。それを総合的かつ体系的に学べるような場所は存在しない。

これが本書を上梓する最大の動機である。10万社を超えるといわれるネット通販事業者の物流品質を上げることに少しでもお役に立ち、それがネット通販市場の更なる発展に繋がればと思っている。

本書は6章からなる。

第1章では、ネット通販物流を理解する以前の問題として、ネット通販業界の状況と参入企業の様々な失敗例を紹介する。

第2章では、経営視点でのロジスティクス戦略の組み方を取り上げる。物流についての理論はいろいろ提唱されているが、世界的に評価が高く実際の成功事例も多いのが、米国のエドワード・H・フレーゼル氏が提唱している「RightChain®」だ。「RightChain®」の基本的な考え方を紹介するとともに、その枠組みを通してネット通販物流のあり方、またスクロールのロジスティクス戦略を整理してみる。

第3章では、ネット通販における物流業務の基本知識および商材別のポイントをまとめた。

第4章では、ネット通販事業の経営判断に欠かせない物流KPI（Key Performance Indicator）を紹介する。

第5章では、物流改革により大幅な売上アップを果たしたネット通販企業の成功事例について紹介する。

最後に第6章では、これからの時代のネット通販物流を展望する。

本書の主張はシンプルかつ明確である。

「物流こそネット通販における成功の鍵を握っている」

「物流においてこそ他社との差別化をはかることができる」

ということだ。

本書を通読することで、ネット通販における物流とはどのようなものか、自社の商品や事業モデルに適した物流の仕組みをどのように構築すればよいか、物流における各種数値をいかにして日々の経営に生かすのか、様々なヒントを得られるであろう。

本書によって多くのネット通販企業がそれぞれ最適な物流戦略を見出されることを期待している。

株式会社スクロール360
高山隆司

目次

第2章 ネット通販における物流の役割と重要性

第4章

第1章

よくあるネット通販の失敗とトラブル

1. 急速に拡大しつつあるネット通販市場

いまなお高い成長率

よく知られるようにここ10年、ドラッグストアやコンビニと並び小売業でもっとも成長を遂げたのが、通信販売業である。

日本通信販売協会の推計では、2013年度の通信販売の市場規模は対前年度比6・3％増の5兆8600億円であり、特にネット通販の伸びがけん引している。

最近、ドラッグストアは出店ペースの鈍化で成長率が低下、コンビニも既存店では売上の前年割れが続くなど頭打ち傾向にあるが、ネット通販だけはまだまだ高い成長率を維持している。

現在、ネット通販市場ではアマゾンや楽天、ヤフーなどの総合サイト（仮想モール）を頂点に、総合サイトに出店する個人商店、特定の商品ジャンルに特化した専門サイト、さらには大手メーカーや大手小売チェーンの自社サイトなどが競い合っている。

図表2　小売業の業態別市場伸び率

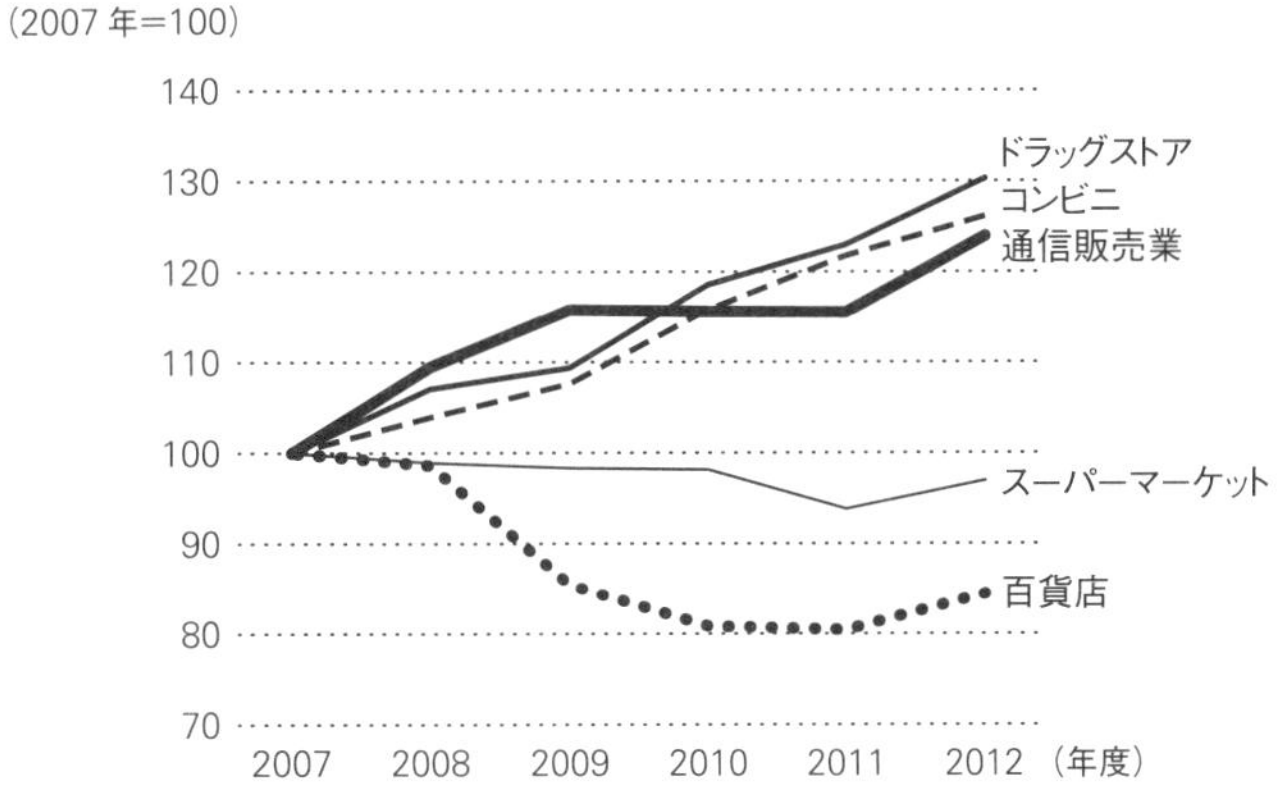

出典：新日本スーパーマーケット協会「2013年度スーパーマーケット白書」

図表3　通信販売市場の伸び

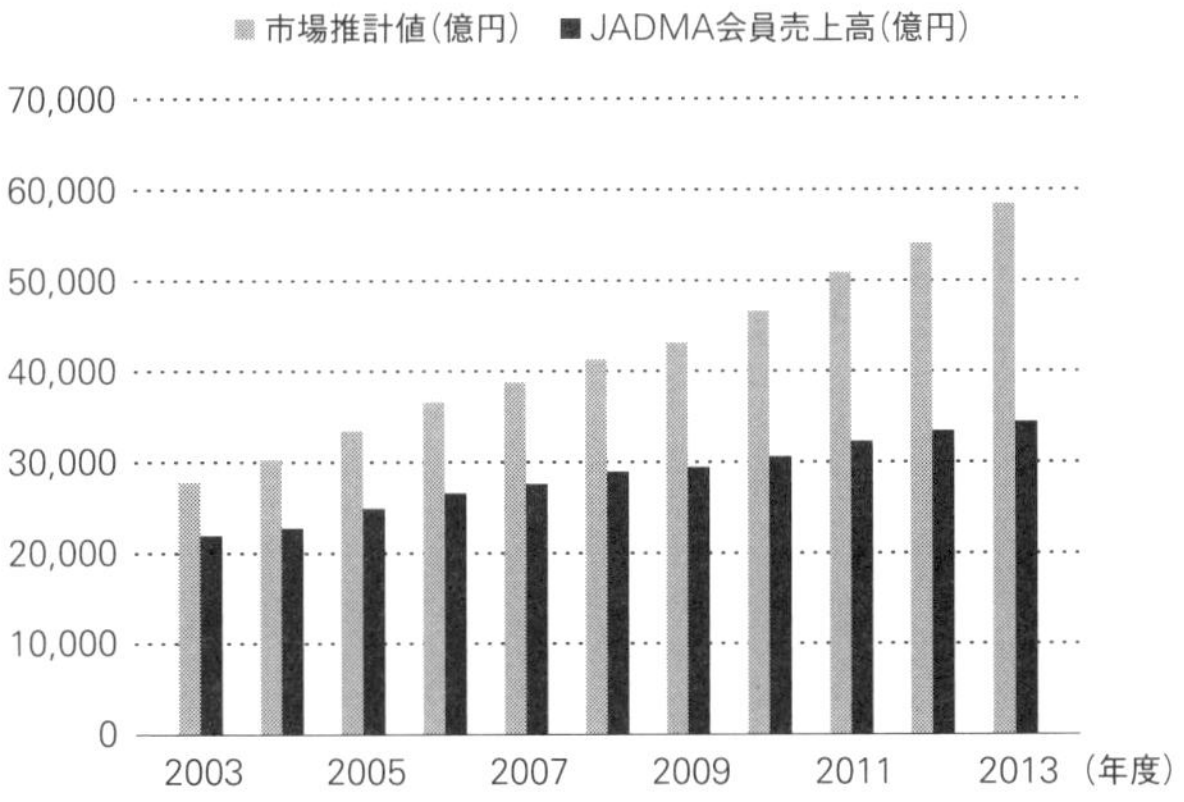

出典：日本通信販売協会「第32回通信販売企業実態調査報告書」

消費者にとってネット通販は、自分の都合のよい時間に、どんな場所からでも簡単に商品を探して注文できることが最大のメリットだ。ショップごとの価格を比較したり、他の消費者の感想や意見を参考にすることもできる。

また、店舗で取扱っていないようなニッチな商品（ロングテール商品）が買えたり、重たい商品を自宅まで配送してもらえる点なども、消費者に支持されている理由である。

一方、事業者にとってネット通販は実際の店舗を構える必要がなく、場合によっては商品在庫も不要である。極端なことをいえばインターネット上にショップ（サイト）を出すだけでビジネスを始めることができる。個人商店がまず、楽天などのモールへの出店という形でネット通販に積極的に取り組んだのもそのためである。

次第に二極化へ

このようにネット通販の利用者と事業者（ショップ）が相乗的に増え、市場が拡大しつつある中、企業規模の大小を問わず順調に成長を遂げるショップがある一方、少なからぬ資金と人材を投入しながら迷走を続けるショップもあり、最近は勝ち組と負け組の二極化が顕著になってきた。

大きな要因が、物流への取り組みの差である。ユニークな商品、洒落たサイト、工夫されたプロモーションなどを用意しても、効率的な在庫管理と安定した配送ができなければ、「注文したのに商品がなかなか届かない」「届いたけどパッケージがつぶれていた」などということになりかねない。

「物流って出荷業務のことだろう」「空いた時間にみんなでやっちゃえばいい」といったとらえ方では、顧客の信用とショップのブランド価値はあっという間に失われてしまう。

逆に、**物流業務の品質を確保し、いろいろな付加価値を加えれば、意外に効率よく他店との差別化を実現することが可能だ。**実際、そのことに気付いた少数のショップが先行者利益を享受しているのである。

2. ネット通販でよくある失敗例

ネット通販には、「フルフィルメント」という言葉がある。文字通りに訳せば「実施」「遂行」ということである。

商品を企画して仕入れ、サイトやカタログを用意し、各種プロモーションを仕掛けて消費者を購入へと誘導する。これら一連の業務が「マーケティング」である。

「フルフィルメント」はそれに対し、消費者が商品購入を決断した後、ネットやコールセンターでの受注、決済、そして出荷と配送によって商品を顧客の手元に届けるまでの各種業務を指す。

「マーケティング」は直接、顧客に働きかけ、売上に結びつくために注目度が高い。各ショップとも創意工夫をこらし、またさまざまな手法や関連サービスが開発、提供されている。

一方、「フルフィルメント」は裏方の業務であり、表から見えにくく、ともすればコスト削減の対象としてしかとらえられてこなかった。そのため「フルフィルメント」の軽視、あるいは「マーケティング」と「フルフィルメント」のアンバランスによる失敗やトラブルが後をたたない。

代表的な失敗パターンをいくつかあげてみよう。

メーカー系でありがちな失敗

第一にメーカー系、それもかなり規模の大きな企業が陥りがちな失敗パターンである。

図表4　メーカー系のネット通販参入時にありがちな失敗パターン

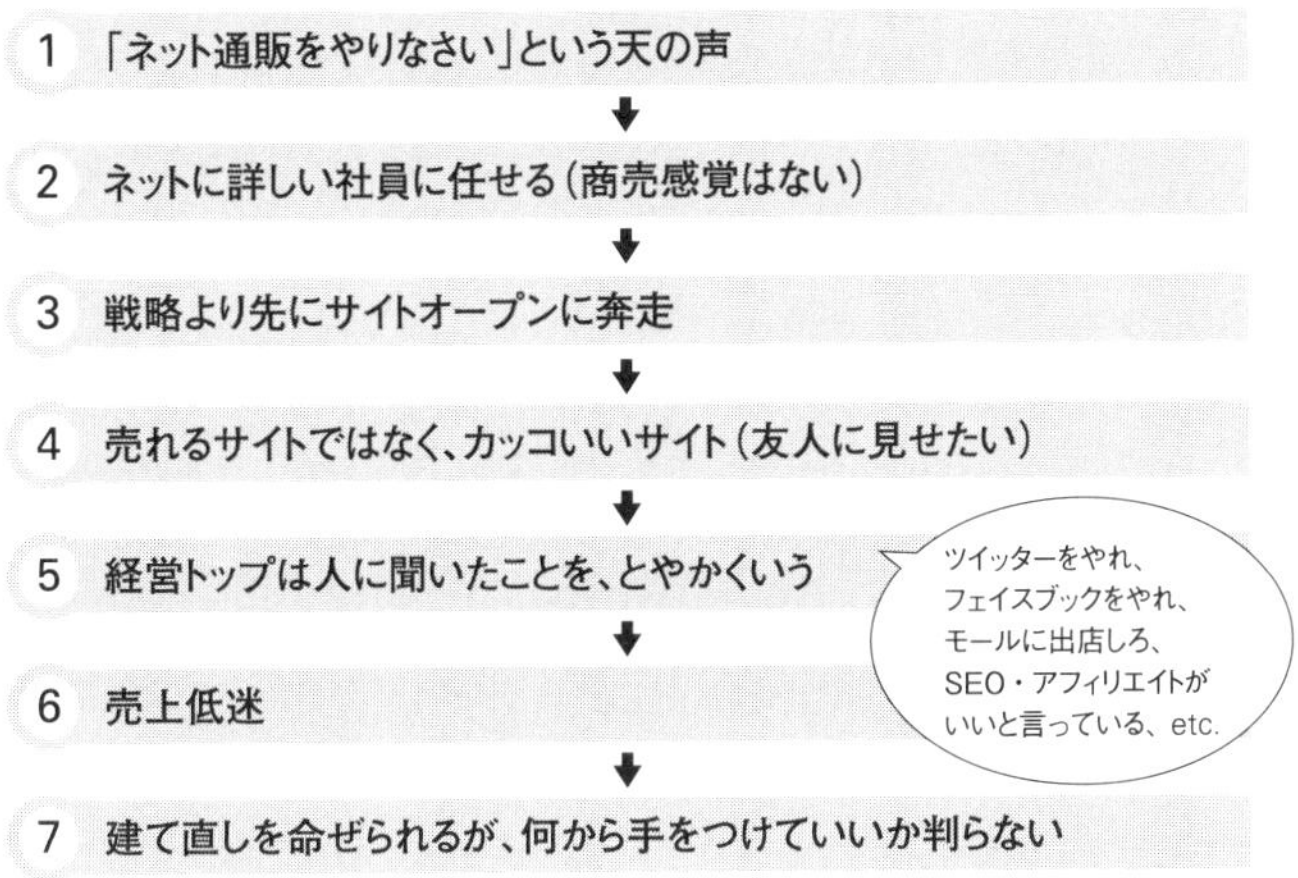
1 「ネット通販をやりなさい」という天の声
2 ネットに詳しい社員に任せる（商売感覚はない）
3 戦略より先にサイトオープンに奔走
4 売れるサイトではなく、カッコいいサイト（友人に見せたい）
5 経営トップは人に聞いたことを、とやかくいう
ツイッターをやれ、
フェイスブックをやれ、
モールに出店しろ、
SEO・アフィリエイトが
いいと言っている、etc.
6 売上低迷
7 建て直しを命ぜられるが、何から手をつけていいか判らない

経営トップから「最近ｅコマースというのが伸びているらしいからうちもやろう」ということで指示がでる。

指示を受けた担当部署では、とりあえず社内でネットに強い社員を見つけてきて、「ネット通販用のサイトをつくってくれ」ということになる。

こういう場合、その社員は確かにＩＴには強いだろうが、小売業に詳しいわけではない。とりあえず見た目がカッコいいサイトをつくって商品を並べてみるのだが、あまり売上が伸びない。少ない注文を、高い賃料のオフィスで、高い人件費の社員がコツコツ出荷したりしている。

経営トップはさらに外でいろいろな話を聞いてきて、「フェイスブックというのがすごいらしい」「楽天に出店するといいらしい」などとまた指示が出る。こうした指示に場当たり的に対応しているうち、サイトは分かりにくく、プロモーションは一貫性がなく、物流は高コストのまま袋小路に入ってしまう。

事業は赤字のままだが、とにかくネット通販に力を入れるという方針だけは変わらず、「何をやっているんだ」「売上を1年で2倍にしろ」といった指示がさらに出る。

ある大手企業では、現在の売上10億円のネット通販事業を3年後に100億円規模にするという経営計画が策定され、担当者は途方に暮れている。

こうしたケースは、ネット通販事業に取り組む戦略がそもそも曖昧であり、「マーケティング」が行き当たりばったりであるのはもちろん、「フルフィルメント」に関してはどこの配送キャリアを使うかくらいの問題意識しかなく、本格的な検討さえなされていない。うまくいかないのも当然だろう。

メディア系でありがちな失敗

近年、ネット通販への新規参入組で目立つのがメディア系である。

たとえば、雑誌の定期購読者が5万人いるので、その定期読者向けの通販を始めるといったケースである。ガソリンスタンドで割引会員になると通販のDMやカタログが送られてくるのも、同じパターンだ。

ある企業は、月刊会員誌で毎号8ページにわたり通販商品を載せ、売上がようやく年間1億円に達した。そこで、「早く黒字化したい」「商品ジャンルを増やしてみようか」と担当者は考えている。

しかし、こうしたケースはうまくいかない確率が高い。なぜなら、商品を売りたい顧客はいるが、何を売りたいのかがあいまいだからだ。メディア系企業は、プロモーション用の媒体は持っているが、自社ならではの商品がない。「こういう商品を売りたい」「品揃えはこうしたい」という考えが担当者にも経営陣にも希薄だ。

いきおい、商品の企画はベンダーに丸投げとなり、事業計画は甘いままだ。商品の仕入れにしても、どのルートが一番安くなるかといったことさえ調べていない。

原価率は高くなり、売値の70%というケースもある。それをいくら自社媒体とはいえ、ページを割いて掲載しているのだから、赤字にならないほうがおかしい。

このパターンは「フルフィルメント」のもっと手前、「マーケティング」の段階から問題がある。

流通系でありがちな失敗

スーパー、アパレル、百貨店などリアル店舗系の流通企業も２００５年頃から本格的にネット通販に取り組み始めた。

ただ、メーカー系と同じように、経営層の指示でＩＴに詳しそうな社員を集めて始めるケースが多い。

しかも、流通系はリアル店舗がすでにあるので、ネット通販も簡単に始められると考えがちな点が落とし穴になる。確かに「マーケティング」についてはリアル店舗と共通する部分がありそれなりに対応できるが、問題は「フルフィルメント」だ。

あるホームセンターでは、ネット販売を始めてすぐ行き詰ってしまった。ネットで注文があると、店舗のスタッフが手の空いたとき、店頭に並んでいる商品をピッキングしているからである。店頭でのピッキングは、広い店内をまわってカゴに入れていくので作業効率が悪い。来店客に混じってやっているので、来店客にとっても奇異な感じがする。

もっと問題なのは、注文時に在庫システムで確認したらあったはずの商品が、店頭に行ってみると来店客がすでに買って欠品していることだ。

注文の一部が揃わない仕掛り状態の段ボール箱が事務所の壁際にずらりと並び、次の入荷を待っているうち1週間くらいたつこともある。当然、注文客からは問い合わせやクレームの電話が増える。担当者はそうした電話の対応に追われ、売上を伸ばすどころではなくなるのだ。

このパターンは、ネット通販を始めるにあたり、物流の重要性を深く考えていなかったところに原因がある。**リアル店舗の物流とネット通販の物流は別物である。安易に一緒に行うと、採算に乗らないだけでなく、ショップのイメージを悪くしてしまう。**言い方は悪いが、無駄なことをやって評判を落とすのだ。

別の衣料系専門店チェーンでも次のような失敗があった。そのチェーンでは、ネット通販部門を立ち上げ、スーツのネット販売を行っている。ネットで注文があったらリアル店舗の在庫状況を確認し、在庫がある店からネット通販部門の倉庫へ取り寄せる。そこからズボンの裾上げなどサイズ直しのため協力工場へ送り、戻ってきてから発送するのである。

これでは顧客が注文してから商品が手元に届くまで8日から10日かかる。いつ商品が到着するのか分からないので、顧客からはしょっちゅう問い合わせが入る。その都度、商品がいまどこにあり、どのような状態か確認して返答しているのだから大変だ。

たとえば、物流倉庫に店舗から商品が届いているか問い合わせ、来ていないようなら店舗に連絡し、商品をまだ物流倉庫へ発送していないようなら再度、依頼する。そもそも店舗にとって、ネット通販での売上はネット通販部門の成績にしかならないので、作業が後回しになりやすい。

ネット通販部門の担当者のうち、本来力を入れるべきマーケティング業務に携わっているのは全体の4分の1に過ぎない。残りはこうした顧客からの問い合わせやクレームへの対応にあたっているのである。

多くの小売業はリアル店舗での売上が頭打ちになり、新たにネット通販に乗り出しているわけだが、「フルフィルメント」を安易に考えていると問い合わせやクレームに追われてしまう。ネット通販を2～3年やっているがうまくいかない、という場合に多いパターンである。

業務量オーバーによる失敗

以上は製造業にしろ小売業にしろ、規模の大きな企業でよくある失敗パターンだ。一方、仮想モールに出店している個人商店などの場合は、別の失敗パターンがみられる。

現在、「楽天市場」に出店しているショップは約4万2000店舗といわれている。そのほとんどは零細な個人商店であり、月に1000件以上の出荷をしているのは約5%、2

000店ほどである。

こうしたショップは経営規模こそ小さいが、基本的に事業主が自らサイトをつくり、メルマガを配信し、問い合わせがあればメールですぐ返事も出している。「マーケティング」は手づくり的なやり方だが、日々いろいろ創意工夫しており、楽天側のサポートもあるのでさほど困ってはいない。

問題は、受注数が増えてきた際の在庫管理やピッキング、出荷などの物流業務だ。**一般に1日50件、月に1000件の出荷数になると、自社（事業主一人）だけでは処理しきれなくなる。**家族やパートを動員することも可能だが、件数が増えるにつれて問い合わせやミスも増え、効率が悪くなる。それでも無理をしてこなしているうちに、事業主が怪我や病気で倒れたり、連休明けに受注が集中したりしてついにパンク。出荷停止、一時販売中止といった事態に陥ってしまう。

1日50件、月1000件は、物流業務をアウトソーシングし、自社は商品化計画（マーチャンダイジング）や販売促進（プロモーション）などの「マーケティング」に専念するタイミングなのである。

商品が壊れやすいので丁寧な梱包が必要な場合や複数ある商品から何通りかのセットをつくらないといけない場合、あるいは時計のように出荷前に秒針を合わせなければならないといった特殊なケースでは、1日50件、月1000件よりもっと少ない段階からアウトソーシングを検討したほうがいい。

仕組み化の不足による失敗

ショップの成長にともない物流がネックになるのは、業務量の問題だけではない。キャンペーンなどで通常とは異なる形で商品が動くときの対応力が問題になることも多い。たとえば、出店しているモールのイベントセールへ参加することにして目玉商品を大量に買い付けたが、受注管理システム上のセール用商品名とメーカーから入荷してきた商品名が一致せず、倉庫での検収業務が混乱して出荷の大幅な遅れとなることがある。

事前に両方の商品名を統一しておけばいいのだが、メーカーに出荷伝票などの商品名を自社向けのみ変えるよう依頼することはまず無理だ。自社の受注管理システム上の商品名を変更するしかないが、そうするとモール内の検索順位が下がってしまう。

そこまで気が付いていればまだいいほうで、実際には商品が入ってきてから不一致に気づく。慌てて2名がはりつき、段ボール箱をひとつずつ開けて、中の商品と自社サイトの商品写真を見比べて確認し始める。これではせっかくの販売機会を逃してしまう。

物流のサービスレベルが不安定だとトラブルになることもある。あるショップは、サイト上では「受注から2日以内に発送」としていたが、早く届けたほうが喜ばれるだろうとスタッフ総出で当日発送に励んでいた。しかし、年末に受注が集中した途端、1週間ほどかかるケースも出てきて、いままで翌日着が当たり前と思っていたリピート客から「遅い！」とクレームの嵐。せっかくの上得意が一斉に離れてしまった。

自社での物流業務はどうしても自己流、無手勝流になりがちだ。注文数が少ないうちは、倉庫や事務所に商品をとりあえず並べ、注文があれば記憶を頼りにピッキングして発送するのでも問題ない。

あるショップでは、ベテラン担当者が棚を熟知しており、出荷数が1日100件を超えても商品名を聞いただけで「それはあそこの棚」「これはこっちの棚」と瞬時に理解し処理していた。社長は「これでやっているんです。すごいでしょう」とおっしゃるのだが、もしその担当者が病気で長期間休んだり、何かの都合で退職したらどうするのだろう。また、出荷量が2~3倍になったとき、もう一人同じような担当者がいないと処理できないことは明らかだ。

これらの失敗はすべて、ネット通販が成長していくある段階で、物流業務の仕組み化、ルール化が必要なことを示している。物流のアウトソーシングは、そうした仕組み化、ルール化という意味も持っているのである。

過剰在庫という失敗

過剰在庫が発生してしまうのも、「マーケティング」と「フルフィルメント」の両方にまたがる失敗パターンだ。

化粧品や健康食品のネット通販の場合、同じ商品を継続して販売しているので、在庫の残りが一定量まで減ったら新たな仕入れを行う。こうすれば過剰在庫はほとんど発生しない。

これに対し、商品点数が多く、流行による商品の入れ替わりも多いアパレルや雑貨のネット通販の場合、しばしば過剰在庫が生まれる。

過剰在庫がなぜ発生するかといえば、事前の見込みほど注文がなかったか、適正在庫より発注が多すぎたかのいずれかだ。そして、実際によくあるのは後者である。

商品を買い付けるバイヤー（特に専任スタッフ）としては、欠品による売上の機会損失を嫌う。大きなブームになっている商品ほど「このチャンスを逃したくない」という気持ちが働き、大量に買い付けがちだ。ところがブームが去った途端、急に売上が落ち、大量の在庫が残ってしまうのである。もともと売れていない商品の在庫より、こうした売れ筋商品が不良在庫になるほうがインパクトは大きい。

もうひとつよくあるのは、仕入れにあたって60個注文しようと思ったところ、100個まとめて仕入れてくれたら単価を下げるという条件提示をメーカーやベンダーから受け、それに乗ってしまうケースだ。実際には60個しか売れないのに100個仕入れてしまって40個余る。それを繰り返しているうち、在庫がだんだん増えていってしまうのだ。

経営的には、100個仕入れて40個余らせ3割値引いて処理するより、原価が多少高くても60個の適正在庫を仕入れて売り切るほうがいい。こまめに発注すると1回あたりの単価は多少上がるかもしれないが、無駄な倉庫スペースや値引き処分などの手間暇が省け、その分、売れ筋商品に集中できる。トータルでみた効率は確実に高いはずだ。

こうした過剰在庫の問題で相談を受けたとき、私たちがよくアドバイスするのはバイヤーの業績評価の基準を見直すことである。売上と粗利だけで評価するのではなく、「**残在庫**」という指標を加えるのだ。

スクロールの場合、バイヤーの評価基準には期末の在庫金額の予算が入っている。アパレル商品であれば、来年も売れる在庫と来年になったら売れない在庫に分け、期末に次シーズンに持ち越す商品は評価減処理、持ち越せない商品は在庫処分をする。一定のルールを決め、バイヤーに目標を与えることで、バイヤーは過剰発注に敏感になる。

売上が順調に伸びているときは、在庫を積み残してもバランスシート上あまり気にならないが、売上がストップもしくはダウンした時に、在庫は大きな重荷になる。キャッシュが寝てしまい、さらに利益を生まない倉庫代が毎月のしかかってくるからだ。

在庫の問題は、売上と粗利だけチェックしているとつい見逃してしまう。在庫処理による損失や倉敷料などもきちんと計算に入れないといけない。そういう意味でも、「マーケティング」と「フルフィルメント」の連動が大事なのである。

ちぐはぐな情報システムによる失敗

現在のネット通販では情報システムが不可欠であり、多くのショップでは必要に応じていろいろなシステムを導入している。

しかし、この情報システムにも問題がある。受注、決済や商品管理、在庫管理など業務ごとに情報システムがバラバラで、各システムの連動・連携がちぐはぐになりがちなのである。

この点、個人商店は事業規模が小さく、シンプルなシステムから始めるし、事業主のI

Tリテラシーももともと高い。たとえば、大学を卒業後、一般企業に勤めていた老舗の後継者が家業を継ぎ、「うちの店もネットで販路を拡大しよう」ということでやり始める。最初からインターネットで商品を売ることに専念しており、システムに関してのトラブルは意外に少ない。逆にいえば、システムに詳しくない個人ショップは早めに消えてしまうのである。

注意しなければならないのは、むしろ大企業だ。ネット通販への参入にあたり、しっかりした準備や戦略が整わないうちから、自社のシステム部門がシステム開発を行ってしまうのが典型である。

たとえば、システム部長が「うちのシステムはすべてA社でやっているので、ネット通販の受注・決済システムもA社でつくろう」となる。大手ベンダーに外注してオリジナルのシステムをゼロからつくり、さらに「ここを直して」「あれを直して」となると、コストはどんどん嵩んでいく。

ところが、サイトをオープンしても年間売上は想定の数分の一で減価償却費さえ賄えない。そういう本末転倒のことがあちこちで起こっている。

大企業であっても、はじめてネット通販事業を立ち上げるのであれば、まずはパッケージ型ソフトを利用するのが合理的だ。

いまやＡＳＰ（ネット経由でのソフトウェア提供事業者）が提供しているネット通販向けのパッケージ型ソフトウェアは数えきれないほどある。自社開発よりコストははるかに安くてすみ、可変性も高い。

情報システムについては、データの互換性の問題もある。ある大手専門店チェーンは、ネット通販の受注・出荷システムとして、リアル店舗と同じＢ社のシステムをカスタマイズして使っている。

ところが物流代行会社は、出荷効率を高めるためにオリジナルのＷＭＳ（ウェアハウス・マネジメント・システム）を使うのが一般的で、上位の受注システムからデータを受け取って、物流業務を遂行するようになっている。それに対し、Ｂ社のシステムは出荷に必要なデータを送り出す機能がなく、出荷効率の悪い＝コストの高いＢ社システムでの出荷を余儀なくされてしまった。

ネット通販は多種多様である。物流もそれぞれの商品の特性に応じて、棚入れからピッキング、配送、そして情報システムまでトータルに組み立てないと、無駄や非効率が起こりやすい。

物流をアウトソーシングするにしても、そうした商品の特性に応じた業務プロセスを組み立てられるかどうかで、サービス品質には大きな差がつく。コストだけの問題と考えていると、大きなトラブルが発生し、結果的にショップの評価が下がってしまうのだ。

自動化による失敗

システムということでは、アマゾンのような最新鋭の自動倉庫も注目されているが、ロボット化すればそれですべて解決というわけではない。

なぜなら、自動倉庫やロボット化のためには、扱う商品の大きさや1日の処理数などをあらかじめ仕様決定して設計しなければならない。しかも、それなりの設備投資が必要になる。

一方、いま扱っている商品やその売り方がそのまま続くかどうかはわからない。ネット通販は市場が成長している分、新規参入も多く競争は激しい。商品はもちろん販売手法もめまぐるしく変化している。5年後に主力商品が全く入れ替わったり、販売手法が現在とは違っている可能性は否定できない。せっかく自動倉庫やロボット化に投資しても、数年後には役に立たなくなっているかもしれないのだ。まさに「**今日の〝便利〟は明日の〝不便〟**」である。

むしろ、ローテクではあるが、商品の変化に合わせて棚の仕切りを変えたり、受注数に応じて作業員を増減させ、チラシなどの同梱も手作業で行ったほうが、コストを抑えつつ、質の高い物流業務を実現できる。

もちろん、1日何万件も同じようなサイズの商品を出荷するのであれば早急に自動倉庫にしたほうがいいだろう。だが、月間1万件ぐらいまでは手作業で処理できる。

当社ではこれまで、ひとつのネット通販企業の出荷を月間20万件行ったこともある。通常は月間10万件のところ、消費税アップ前の駆け込みで20万件になったが、作業員を増員することで対応できた。もし、自動化していたら、1～2ヵ月のためだけに装置を増やさないと処理できなかっただろう。

宅配便料金の値上がりによる問題

物流にかかるコストのうち、**全体の5割前後を宅配便料金が占める。**残りの3～4割が倉庫での入出荷作業、その他が梱包資材や事務経費、倉庫のスペース代だ。

ここからも分かるように、物流のコスト面でいま、大きな問題になっているのが宅配便料金の値上げだ。

たとえば、ヤマト運輸は最近、法人顧客に対して順次、値上げ要請を行っており、上げ幅もかなり大きい。きっかけは2013年の夏、冷凍品や冷蔵品の温度管理ができていなかったため、商品が溶けていたりして大問題になったことである。

本来、冷凍品や冷蔵品は引き受けられる量に限界があるのに、ヤマト運輸では各地の営業所で全国一律500円、冷凍品も一律700円といったやり方で荷受けしていた。それを本来の形に戻し、距離やサイズ別に数量を把握して引き受けるよう徹底し始めたのだ。そのため、料金も本来の距離、サイズ別に課金することになり、北海道や九州、離島などで上げ幅が大きくなっている。

他の宅配便業者も、値上げの動きは共通する。

佐川急便は一足先に2013年から法人顧客向けの値上げを実施してきた。従来、同社を利用していたアマゾンが、ヤマト運輸に切り替えたのもその影響といわれる。佐川急便はもともとBtoBを得意としており、宅配便のシェア拡大のため値下げ競争を仕掛けていたのだが、その戦略を見直したためだ。

さらに、日本郵便が「ゆうパック」の法人向け運賃を引き上げる方針を打ち出した。不足する現場スタッフ確保のため人件費を引き上げたことや、ガソリンなど燃料費の値上がりが主な要因という。値上げ幅は顧客により異なるが、平均で数%程度とみられる。

国土交通省のデータによると、2013年度の宅配便の取扱件数は前年度比3%増の約

36億個となった。ネット通販の拡大で今後さらに宅配便の総取扱件数は増えるとみられる一方、社会全体で人手不足が深刻化しており、燃料費の高止まりもあり、宅配便の値上げはさらに続きそうだ。

これまで北海道や九州からの宅配便料金は、輸送距離に比較して割安だった。その分、こうした値上げでは大きな影響を受ける。

対応策のひとつは、関東などに配送拠点を確保してコンテナなどで商品をまとめて送り、そこから注文に応じて顧客へ発送することだ。ネット通販における受注エリア（配達エリア）は北海道や九州のショップにしても、基本的には人口に比例し、関東から関西までで全体の70%を占める。

北海道のある通販ショップでは、コンテナで週に1回、北海道からスクロール360の拠点がある浜松まで商品をまとめて運び、浜松から出荷する方式に切り替える予定である。コンテナ代や浜松での倉庫費用が新たなコストとなるが、1日数百件の出荷にかかる宅配便料金が1件あたり100円以上違うので、トータルでの物流費はむしろ下がる。また、配達時間も従来より短縮でき、物流サービスの向上につながる見込みだ。

こうした動きは今後、さらに広がるだろう。

3. ネット通販の分類

ネット通販の分類と成長マップ

ネット通販には大小さまざまな事業者が参入している。物流を考える場合、どのようなタイプのショップかということは重要な前提条件であり、いくつかの分類をここでみておこう。

第一の分類法は出自によるものだ。大きく分けると、中小の個人商店と規模の大きな企業のＥＣ事業部門とがある。

個人商店の中には早くからネット通販に参入し、楽天市場などの仮想モールに出店して事業を行っているところもある。

一方、企業のＥＣ事業部門は、メーカーが自社商品を直販するためにサイトを立ち上げたり、メディア系企業が新規事業として始めたり、あるいは流通系がリアル店舗とのクロス・マーケティングの一環として手掛けたりするものである。

図表5　ネット通販の分類

1 ネットショップの出自による分類

- **個人商店**
  個人商店のネットショップ
- **企業のEC事業部門**
  新規事業、リアル店舗とのクロス・マーケティング、メーカー定番のEC

2 販売チャネルによる分類

- **仮想モール出店**
- **自社サイト**

→ **マルチドメイン** → **クロスメディア**

3 扱い商品による分類

- **単品通販型**
- **総合通販型**

第二の分類法は、販売チャネルに着目したものだ。これも大きく分けると、仮想モールに出店するものと、自社サイトをメインにするものがある。前者は個人商店が多く、後社は大手企業でよくみられる。

ただし、仮想モールへの出店が中心だった個人商店も最近は自社サイトをつくるようになり、自社サイトから出発した大企業も仮想モールに出店するなど、マルチドメインが一般化している。

並行してＳＮＳやマス媒体など様々なメディアを組み合わせるクロスメディア化が進んでいるのも最近の傾向だ。

第三の分類法は、扱い商品によるものだ。大きくは単品通販型と総合通販型に分けられる。

単品通販型は特定ジャンルのごく少数の商品を扱うもので、化粧品や健康食品に多い。「単品通販」のほか「リピート通販」と呼ばれてきたものだ。

一方、総合通販型は複数のジャンルにまたがる多数の商品を扱うもので、ファッション、雑貨、あるいはアマゾンのような巨大ショップがあてはまる。

扱い商品による分類は、ビジネスモデルの違いにもつながる。単品通販型の場合、長期間にわたって定期的に購入してもらうファンを育成するため、コールセンターに顧客ステイタス※別に担当者を置いたり、ＳＮＳを活用したリテンション・マーケティングに力を入れるケースが多い。

一方、総合通販型もリピーター客の育成が重要ではあるが、それ以上に新規顧客の獲得を継続していく必要がある。検索連動型広告などのインターネットマーケティングをフル活用し、大々的なプロモーションに力を入れたりすることになる。

※顧客ステイタス…単品通販の場合、顧客のリピート（＝育成）を重視するため、初めてのトライアル商品購入客・正規商品購入客・定期購入客といったステイタス管理をしている。そのためコールセンター対応はもちろん、出荷時に商品に同梱する挨拶状やパンフレットも顧客ステイタス毎に違うものを同梱している。

ネットショップの成長段階

以上のようなネット通販企業の分類を、売上規模を基準としたショップの成長段階に応じてさらに整理してみよう。

年間売上高1億円未満は「創業期」である。個人商店であろうと大手企業であろうと、ネット通販としてはスタートアップ段階である。

この段階では、個人商店はモール出店型が圧倒的多数である。大企業が新規事業として立ち上げる場合は自社ドメイン型が多い。最近は、個人商店も大企業も複数のサイトを持つマルチドメインが一般的になってきているが、どちらからスタートするのが効率的かはよく検討すべきだろう。

年間売上高が1億円を超えると、事業の成長に勢いがついてくる。仮想モールへの出店のみでも1億円超の売上は可能であり、この段階で自社ドメインを立ち上げるケースも多い。大企業の場合は、当初からテレビや新聞などのマス広告を行えば、このレベルは比較的早くクリアできるだろう。

次に、年商10億円がひとつの壁になる。個人商店の場合は、自営業から会社組織への移行が必須となる。

図表6　ネットショップの成長段階

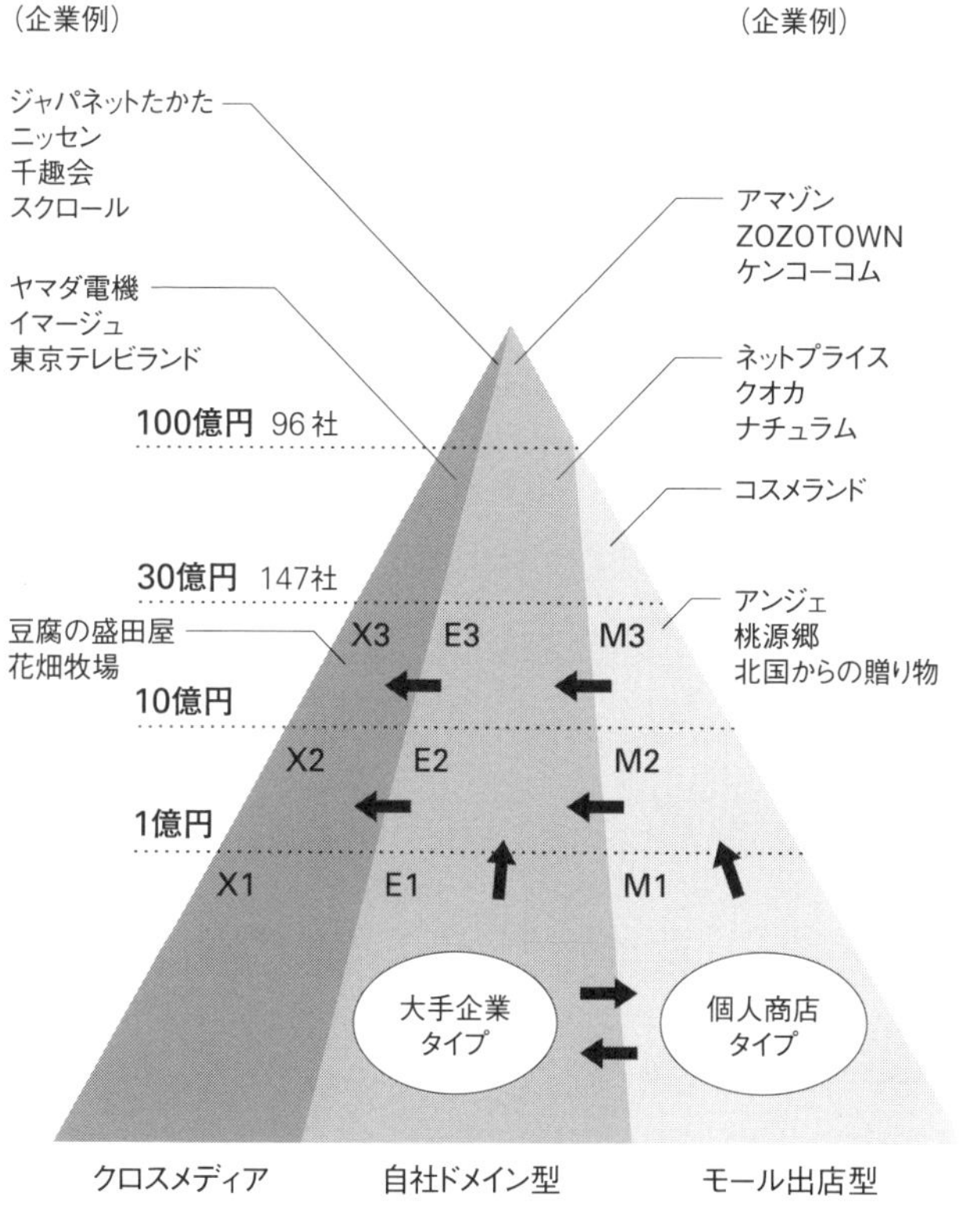

社内体制の整備、各種情報システムの導入、一部業務のアウトソーシングなどでサービスの安定化を図り、それによって生まれた人的リソースを「顧客のファン化」のため、マーチャンダイジングやプロモーションに投入することが10億円を超えるためにはどうしても必要だ。

年間売上が10億円を超えると、一般に固定費比率が低いネット通販事業は安定期に入る。個人商店でも名前を知られた有名ブランドとなり、大企業のネット通販事業では一定の利益を確実に生み、本業との相乗効果が出てくる。

さらに年間売上げが30億円を超えてくると、多くの人が知っているメガ・ブランドとなるが、ここまでたどり着けるショップは少数である。

4. 年商10億円までの4段階とそれぞれの課題

《創業期から育成期、成長期へ

ネット通販の成長において、一番重要なのは10億円の壁をどのように超えていくかである。

そこで、「創業期」から年商10億円までをもう少し細かく分け、その間の課題を整理してみよう。

「創業期」は個人商店も大企業のネット通販部門も、だいたいが手作業であり、仮想モールに出店したり自社サイトをオープンしたりして、初受注に感動するところから始まる。

スタッフはまだ少数で、社長や責任者一人ということも多い。限られた人数でマーチャンダイジングからプロモーション、受注処理、出荷、経理まですべてをこなさなければならない。

プロモーションの効果で売上が増え、**年間5000万円から1億円程度になると「育成期」**に入る。1日の受注は40〜80件となり、2〜3名のパートを雇い、受注処理と出荷業務に追われる。毎日、目の前の業務をこなすだけで精一杯で儲かっているのかどうか分からないが、売れていることだけは確かだ。

この段階でそろそろ、受注から出荷まで各種業務にルールが必要となる。受注システムの導入も考えるべき時期だ。

この「育成期」では経営の基礎固めが重要であり、さらに成長を続けることができるか、それとも頭打ちで衰退していくかの分かれ目となる。

図表7　創業から年商10億円までの4段階

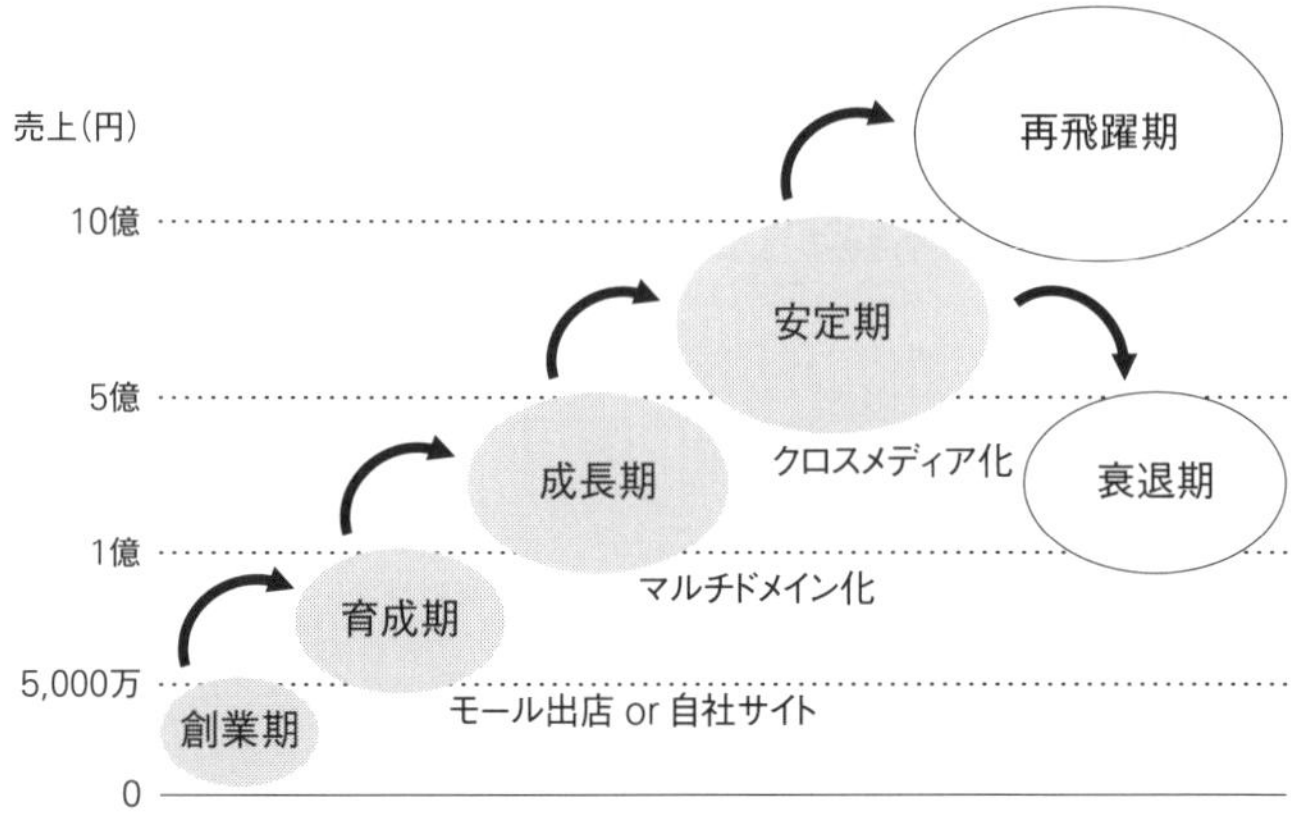

年間売上が1億円から5億円くらいは「成長期」といえる。

受注対応や情報システム、物流など業務系を担当する正社員スタッフが必要となってくる。マルチドメインに取り組み始めるのもこのころだ。

また、各種業務を自社だけで処理することが難しくなり、物流のアウトソーシングを考え始めるタイミングである。

《安定期の先には「10億円の壁」

年間売上が5億円から10億円程度になると、「安定期」といえる。月間受注数は1万件を超えるようになり、事業のスタイルやサイクルが固まってくる。

一方で、組織やプロモーションなどの見直しを検討する必要が出てくる。この段階になると、意外に売上を維持するのが難しくなり、少しでも気を抜くと売上が落ちるからだ。販促費を投入する必要が出てきて、売上の割に利益が伸びなくなる。ネット通販でよく聞く「10億円の壁」である。

個人商店から成長してきたショップの場合、仮想モールへの出店だけではプロモーションに限界があり、自社サイトの立ち上げや紙媒体・リアル店舗などクロスメディア化に取り組むようになる。また、社内では給与体系や目標設定・評価、人材教育制度、コンプライアンスなどの組織整備が必要となる。

こうしたショップの発展段階に応じた課題に適切に対応することが失敗を避け、着実にステップアップしていく鍵を握っている。

図表8　ショップの発展段階に応じた課題

	創業期	育成期	成長期	安定期
売上規模（年商）	0〜5000万円	5000万〜1億円	1億〜5億円	5億〜10億円
月商	0〜500万円	500万〜1000万円	1000万〜5000万円	5000万〜1億円
1月の受注件数	0〜1000件	1000〜2000件	2000〜1万件	1万〜2万件
1日の受注件数（オーダー単価5000円）	0〜40件	40〜80件	80〜400件	400〜800件
キーワード	家内制手工業（だいたい手作業）	工場制手工業（従業員が不眠不休で頑張る!）	工場制機械工業（システムを導入、アウトソーシング導入）	会社組織化（次のステージへの飛躍を検討）
出店状況	a.モール出店系 b.自社サイト系	PR拡大で売上アップ	マルチドメイン開始	クロスメディア化検討
イベント	ECサイトオープン!初めての注文に感動!	売上拡大で受注処理・出荷に追われる	システムを導入しても追い付かず、物流アウトソーシングに踏み切る	売上を維持するために販促費を投入、利益が出にくくなる
従業員数（社長を除く）	社長1名	2〜3名（パート）	正社員3名	アウトソーシングで変動
かかえる悩み・課題	★売上アップの方法は? ★一人ですべての業務をこなすため忙しい（MD、PR、受注処理、出荷、経理事務など）	★パートを導入（分業開始） ★ルールが必要（サービス面、受注〜出荷） ★儲かっているか分からない ★受注システム導入時期	★業務系の正社員が必要（受注対応、システム構築、物流コントロール） ★物流アウトソーシングが必要	★モール出店の限界点（自社サイト立ち上げ、クロスメディアへの進化） ★会社組織化（給与体系、目標設定・評価、人材教育制度、コンプライアンス）

5. 失敗を避けるためになすべきこと

《基本戦略の立案

ネット通販の成長段階とそれぞれの課題をふまえ、本章の冒頭で紹介したような失敗パターンを避けるために必要なポイントを、ここでは3つだけあげておきたい。

第一に、**基本戦略をきちんと立てること**である。「当たり前」と思われるかもしれないが、意外にこれができていない。そもそも、何のためにネット通販をやるのか、何を目標とするのか、そのためにどのようなステップをたどるのかを明確にする必要がある。

メーカーが自社製品をダイレクトに販売するためにネット通販に参入するのであれば、売上目標を立て、それを達成するために必要な注文数、その注文を獲得するために必要なサイト訪問者数(ユニークユーザー)、訪問者のうち注文する割合(コンバージョン率)、平均購入単価などを設定する。

その数値目標を実現するため、どの媒体を使い、どのようなプロモーションを、どの程度行うのか、またそれには予算をどれくらい投入するのか、検討する必要もある。

リアル店舗を持つ流通業であれば、リアル店舗とは別の新規顧客を開拓するのか、それともリアル店舗との相乗効果を狙うのかによって、具体的なプロモーションやサービスの組み立てが違ってくる。リアル店舗にある商品をとりあえずネットで販売する、というだけではだめだ。

戦略の立案はきちんと行う必要があるが、時間をかけすぎると逆に成功からは遠ざかってしまう。大枠で計画を固めたら、実際に試験的に実施しながら修正していくほうがいい。ネット通販市場は動きが速いため、計画を実行に移したときはすでに市場が変わってしまっている危険性があるからだ。

大きな魚群が現れたのですごい仕掛けをつくって海に行ったら、もう別のところに行ってしまった、ということにならないようにしたい。

ナロー&ディープ作戦

第二に、**ネット通販に参入した初期段階では、取扱い商品はできるだけジャンルを絞り、深掘り**したほうがいい。いわゆる「**ナロー&ディープ**」**作戦**だ。

幅広くいろいろな商品を扱おうとしても、しょせんアマゾンを筆頭とする大手サイトに正面から太刀打ちすることはできない。

規模の大小を問わず、「ナロー&ディープ」からスタートするというのが、ネット通販の基本戦略である。商品ジャンルをできるだけ絞り、各業務のレベルを揃えて固定ファンをつくる。そこから商品を少しずつ広げていくのだ。

たとえば、ホームセンターの場合、店にあるもの全部、ネットに載せて売ろうとしたら、物流が破たんするのは火を見るより明らかだ。ネット通販には、重量があってリピート購入が多いものや、嵩張って顧客自身では運びにくいロングテール品などが向いている。ドッグフードの大容量品、脚立など長くて車に載らない道具などだ。ドッグフードは犬を飼い始めた当初、店でどの商品がいいか聞いたり試してみたりするが、一度決まったら定期的に購入する。いちいち買いに行くのは手間だからネット通販向きなのだ。

さらに、ペット専用のサイトをつくり、ショップでドッグフードを買った人にメールで定期購入を勧めたり、ペットに関わるコミュニケーションの場を用意すれば、効率のよい販促ツールになる。

これはスクロールがネット通販で経験してきたことである。スクロールは現在、ファッションから下着、カーテン、ベッドまで多くの商品をネット通販で扱っているが、商品ジャンルを広げていく過程で行ったのは、ひとつひとつジャンル別のサイトを立ち上げることだった。下着は下着、生活雑貨は生活雑貨、アパレルはアパレルというように、別々のドメインを立てることで売り上げが伸びたのである。

なぜなら、サイトを訪れる顧客の動線が、それぞれのジャンルによって違うからだ。生活雑貨は目的買いで来る人が多い。だから、トップ画面上での商品カテゴリーの案内が重要になる。多くの人はホームセンターに行けば店内の看板を見て、目的の商品があるコーナーへ直行する。店の中をぶらぶら見て回る人は少ないのと同じだ。サイトの設計も、キッチン、トイレタリー、ファブリックなどカテゴリー別にすぐ目的の商品にたどり着けるようにするべきだ。

下着の場合、女性客はサイズから入るケースが多い。写真などを見て気に入ったものの、サイズを確認したら自分に合うサイズがないとなると、そこですぐサイト自体から離れてしまう。したがって、サイズからの動線が重要になる。

アパレルはトップス、ボトムスといった服種もあるが、女性向けで特に重要なのがテイストである。カジュアル、エレガント、フェミニンなどテイストによって商品を探すケースが多いので、トップ画面でテイストを分けた入口を用意するほうがよい。

このように商品の種類やジャンルによって、それぞれサイトの作り方が違ってくる。それを安易にひとつのサイトの中に並べると、商品が探しづらく、使いにくいサイトになってしまうので注意が必要だ。

《経営数値の重要性の認識

第三に、**経営数値を把握**することである。「創業期」や「育成期」を過ぎたネットショップでも、これがきちんとできていないケースが多い。

個人商店ではもともとこのタイプが多いが、大企業が立ち上げたネット通販事業でも、売上高や利益率などはわかっていてもそれをどのように判断し、経営に反映させるかという意識が希薄だったりする。

特に問題なのは、売上高しか注目していないケースだ。売上高はもちろん重要だが、コストとのバランスをチェックしていないと、売上高は伸びているのに営業利益がほとんど出ていなかったり、場合によっては赤字になっていたりする。

ネット通販に詳しい税務の専門家がまとめた収支モデルでは、商品の原価率が50％、そこから物流費15％、決済費用５％、モール課金５％を差し引いて、**限界利益（売上高から変動費を差し引いたもの）が25％**となる。この25％から人件費10％、販促費５％、その他

図表9　ネット通販の収支モデル

		創業期	育成期	成長期	安定期
売上高（千円）／月		5,000	10,000	50,000	100,000
変動費	商品原価（50%）	2,500	5,000	25,000	50,000
	物流費（15%）	750	1,500	7,500	15,000
	決済費用（5%）	250	500	2,500	5,000
	モール課金（5%）	250	500	2,500	5,000
	小計	3,750	7,500	37,500	75,000
限界利益		1,250	2,500	12,500	25,000
固定費	販促費（5%）	250	500	2,500	5,000
	人件費（10%）	500	1,000	5,000	10,000
	その他経費（5%）	250	500	25,000	5,000
	小計	1,000	2,000	10,000	20,000
営業利益		250	500	2,500	5,000
原価率		50.0%	50.0%	50.0%	50.0%
限界利益率		25.0%	25.0%	25.0%	25.0%
営業利益率		5.0%	5.0%	5.0%	5.0%
労働分配率（40%）		500	1,000	5,000	10,000

売上の何%ではなく、限界利益の20%と捉えること

経費（事務所代など）を差し引き、**営業利益5％**を確保するのが基本である。

もっとも重要なのは、販促費である。売上高を伸ばすためには一定の販促は不可欠だが、だからといってどんどん使えばいいということではない。仮想モールの様々なキャンペーンやプロモーションに参加しているうち、費用が嵩むケースには注意が必要である。

販促費を売上高に対するパーセンテージでとらえるショップが多く、売上さえ伸びれば、販促費などのコストも自然に吸収できると思い込んでいるのかもしれない。しかし、経営管理が甘いまま売上が伸びていくと、コストばかり膨らんで収益を圧迫し、時には破綻に至ることもある。

販促費は限界利益の20％に抑えるのが大原則だ。もちろん、扱う商品やビジネスモデルによって数値は多少変わってくるが、**「販促費は限界利益の20％以内」**を守れば、売上が伸びているのに倒産、といった事態は避けられるはずである。

そのほか、モール出店企業に多いのが、商品は売れているけれど正確な営業利益を把握していないというケースだ。

売上はモール運営者からくる注文金額、原価は平均原価法で○○％、という月次決算をすることが多いが、実際の売上は受注から品切れ・返品を引かなければ正確な金額にはならない。さらにモールの販促費の請求は２ヵ月後に来るので、売れて儲かったと思っていたのが2ヵ月後には結局、赤字だったというケースも発生している。

成長期の間にしっかりと正確な損益を月次で把握できるしくみ化が重要となる。

第1章のまとめ

□ネット通販市場は急速に伸びているが、物流への取り組みにより、勝ち組と負け組の二極化も顕著になっている。

□メーカー系、メディア系、流通系などでそれぞれに特定の失敗パターンがみられる。

□ネット通販事業には一定の成長段階があり、各ステージの課題をクリアしていくことが健全な成長につながる。

□基本戦略の立案、ナロー&ディープ戦略、経営数値の把握は特に重要である。

第2章

ネット通販における物流の役割と重要性

1．ネット通販における物流の意義

「顧客接点」としての物流

第1章で紹介したような失敗やトラブルは、ネット通販における「フルフィルメント」、特に物流の重要性を理解していないから起こる。

ネット通販において物流は、単なる在庫管理や受注・発送業務ではない。ネット上のバーチャルなやり取りが具体的な商品の動きに変わる、重要な「顧客接点」である。

ネット通販ではそもそも、顧客に商品を届けるまでのバリューチェーンが他の小売業とは異なる。一番の違いはリアル店舗の有無である。ネット通販では一般の小売業のようなリアル店舗がない。

確かに、ネット通販も小売業のひとつとして、ネット上の仮想店舗（ショップ）を設け、その存在を多くの顧客に知らせ、サイトを訪問してもらい、商品を買い物かごに入れ、注文ボタンをクリックしてもらうことで売り上げが立つ。いかに魅力的なサイトをつくり、ど

図表10　一般小売業とネット通販のバリューチェーン

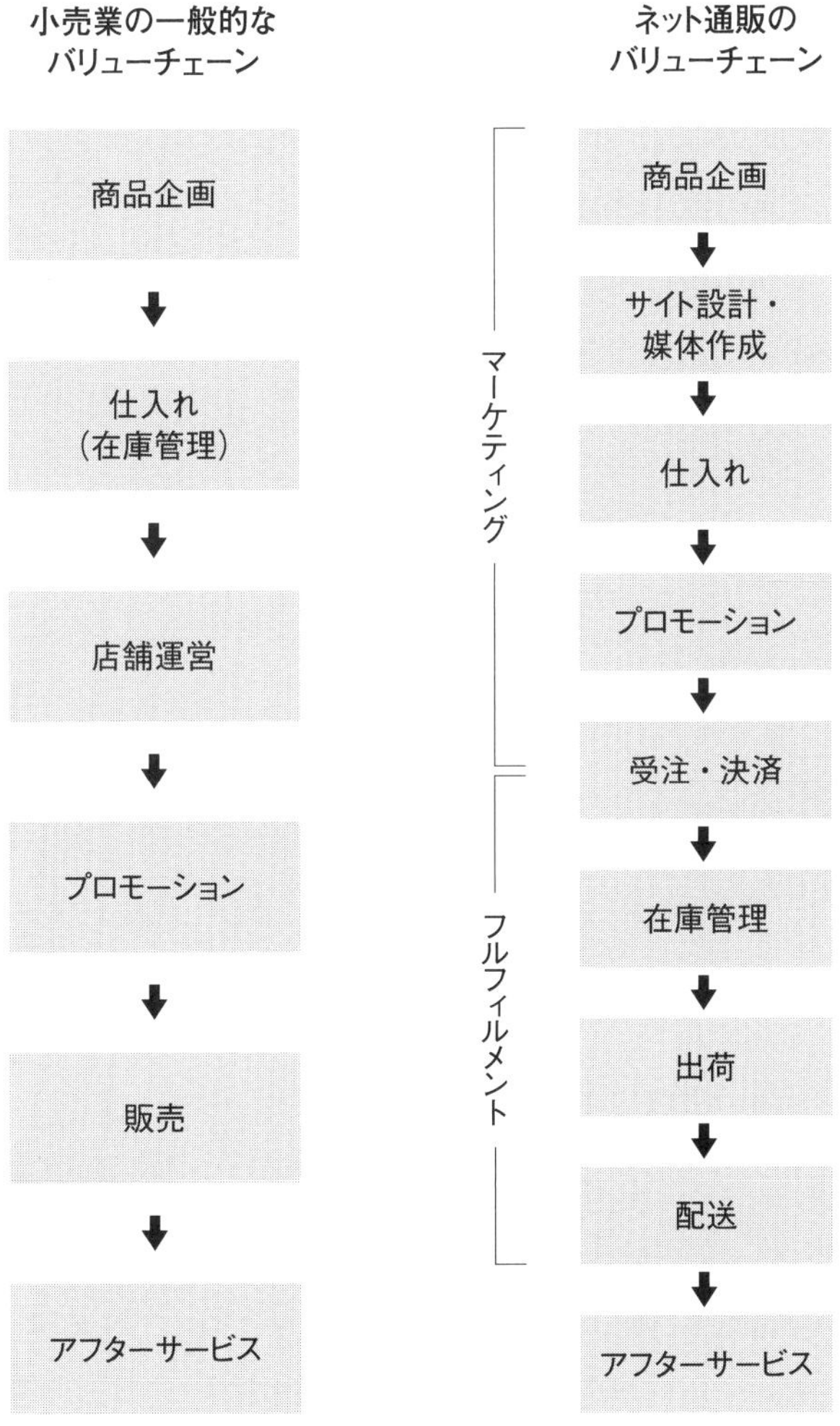

図表11　各小売業における顧客との「物流」距離

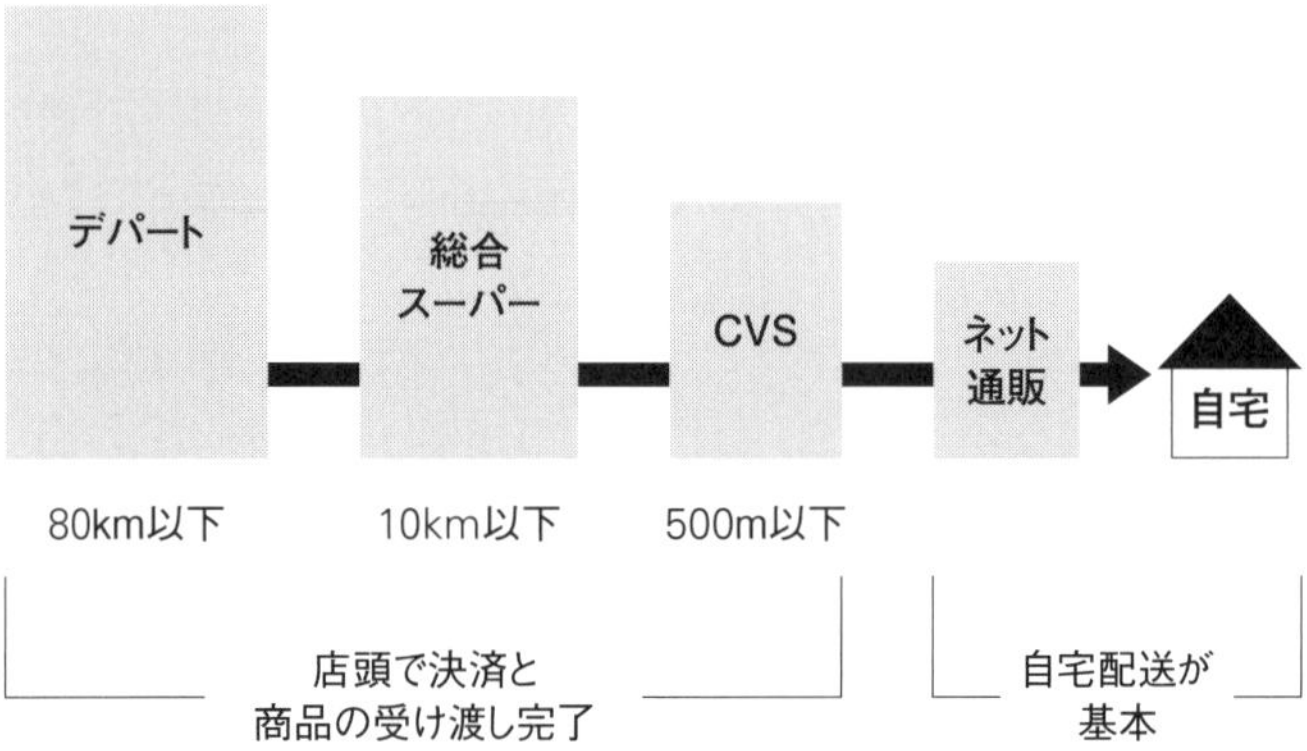

のようにして利用者の関心をひいたり、購買意欲をそそるプロモーションを仕掛けるかによって、売上が違ってくるのは当然だ。

しかし、ネット通販では顧客がネット上で注文する段階では商品そのものをまだ手にとっているわけではない。あくまでサイトの画像や商品スペック、説明などを参考にしているだけである。受注、決済、在庫管理と出荷・配送などを「フルフィルメント」と呼ぶのはネット通販に特有のことだ。

一般の小売業では、顧客との接点は基本的に店舗で完結する。店舗に並んだ商品を顧客が直接手にとって確かめて選び、レジで支払いを済ませて持ち帰るのである。

したがって、一般の小売業では、物流といえばメーカーや問屋から商品を自社倉庫や店舗へ運ぶか、自社内で倉庫から店舗へ、あるいは加工センターから店舗へというインバウンドが大半を占める。顧客に対するアウトバウンドの物流は、重量物の配送など例外的なケースしかないはずだ。

一方、ネット通販では電話やネットによる受注、それを受けての倉庫でのピッキング、出荷、配送という購入者へのアウトバウンドの物流が必ず発生する。

決済も一般の小売業に比べ、代引きや後払いなど多様化している。一般の小売業とネット通販における、バリューチェーンおよび物流の中身は全く違うということを認識しなければならない。

2. ネット通販における「桶の理論」

「桶の理論」とは?

バリューチェーンの特性を踏まえ、ネット通販ではよく「**桶の理論**」ということが言われる。桶は何枚かの板を組み合わせてつくる。板の高さが揃っていないと、一番低い個所

図表12　ネット通販の「桶の理論」

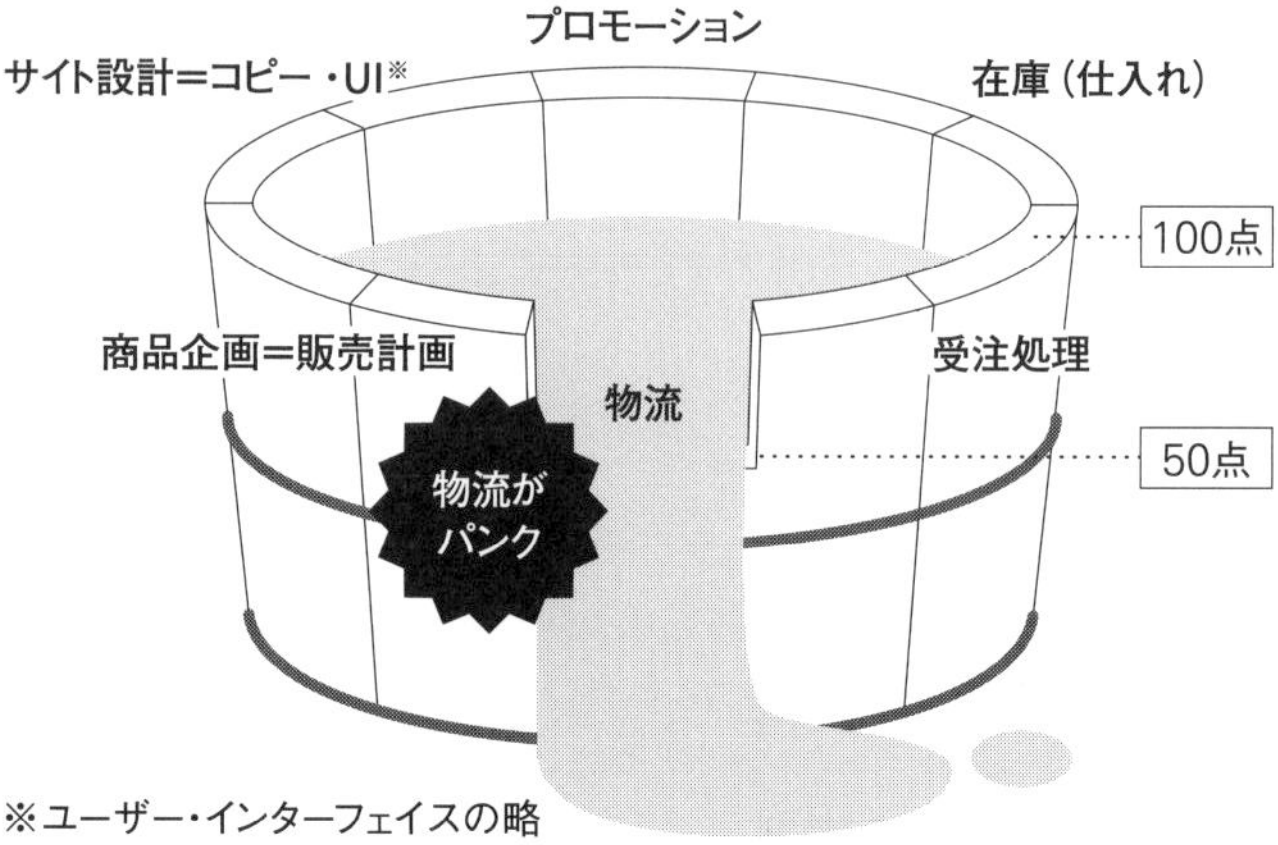

から水がこぼれてしまう。それと同じで、ネット通販では、魅力的な商品を調達し、見やすいサイトをつくり、購買意欲を掻き立てるプロモーションを仕掛けても、その後のフルフィルメント、特に物流のレベルが低いと顧客の評価も大幅に下がってしまうのだ。

たとえば、いざ出荷しようとしたら在庫が不足しており、注文の半分は断らざるを得なかったとしたら顧客の印象はどうだろう。商品が届いたけれど、箱を開けたら中は乱雑、伝票も見当たらない状態なら顧客はどう思うだろう。

ショップに対する評価が50点になったり、最悪の場合、「もう二度とあの店では買わない」となってしまっても不思議ではない。

平均点ではない。一番悪い業務の評価が全体の評価になってしまう。

これがリアル店舗なら、店頭で購入してもらえれば、商品そのものの良しあしや使い勝手は別にして、顧客が自分で商品を持ち帰る。自宅まで配達を頼んだら途中で壊れたとか、時間が遅くなったというような例外的なケースを除き、物流で店の評価が下がるということはほとんどないはずだ。

物流による差別化

逆にいうと、商品では他社とほとんど差がつかないとき、配送のリードタイム、パッケージの印象、同梱されているメッセージなどで顧客の気持ちに響く配慮と工夫があれば、他社との差別化につながる。**物流で差別化を図っていくことができるというのが、ネット通販の大きな特徴といえるのだ。**

考えてみればネット通販は、商品が届くまでは基本的にインターネット上でのやり取りしかない。それだけに、商品が手元に届いた瞬間の第一印象は、顧客にとって非常に重要な意味を持つ。

したがって、**ネット通販における物流は、コストをただ抑えるのではなく、ミスがない**

図表13　ネット通販における商品到着の重要性

がっかりする商品到着の例

1. 箱がつぶれていた
2. 髪の毛が入っていた
3. 箱がスカスカ、エコじゃない
4. 安っぽい感じがした（パッケージ）
5. 過剰包装で開けるのが面倒！

付加価値物流の例

1. 手書きの挨拶状
2. 初めての注文客に折鶴
3. あえてポイントシールで景品
4. ギフトパッケージの画像を贈り主にメール
5. 会社近辺の情報マップを同梱
6. クラフトテープが漫画になっている

のはもちろん、顧客の事前の期待を裏切らず、さらにブランド構築につなげるチャンスなのである。

ショップであつかう商品やホームページのイメージが和風テイストだったのに、届いた商品のパッケージが洋風の花柄模様だったらおかしい。梱包物まで含めてブランディングの統一を図り、ショップとしてのコンセプトを明確に打ち出すのだ。それによってはじめて、顧客にショップ名を覚えてもらえ、仮想モールでのレビューが増えることになる。

ネット通販の物流ブランディングについては、第5章の「付加価値物流」による成功事例にて具体的に紹介していくので参考にしていただきたい。

商品種別と受注予測

ネット通販における物流の中心は、在庫管理と出荷である。基本的には入荷と棚入れがしっかりしていれば、あとの工程はなんとかなっていく。特に、単品通販といわれる化粧品や健康食品は商品種別（SKU）が少なく、棚入れはあまり問題にならない。

一方、雑貨やファッション系のショップは商品種別が非常に多く、特に整理して棚入れをしておかないとトラブルの原因になったり、作業が非効率になったりしやすい。

商品種別が多いショップは、受注予測の難易度も高くなる。どの商品にどのくらいの注文が来るかを事前に予測し、商品の販売計画を立てなければならないが、第1章で紹介したようにうっかりすると過剰在庫を抱えかねない。逆に、プロモーションが当たったため受注が殺到して出荷が追い付かなくなったり、在庫切れで販売機会を逃したりすることもある。

受注予測の精度を上げるには、受注段階だけでなく物流段階でのデータ管理をしっかり行うことが鍵を握る。受注しても後からキャンセルになったり、返品になったりするケースがあるからだ。

ただし、ネット通販の場合、在庫がなくなればネット上ですぐ「売り切れ」にすればいい。販売ロスにはなるものの、顧客とのトラブルは最小限に抑えられる。

ネット通販システムと倉庫管理システムの連携

ネット通販にかかせないのが通販システムだ。自社サイト構築、モール受注処理、商品コンテンツ管理、在庫管理等々、この業界には様々なネット通販企業向けシステムがあり、選ぶのに迷うほどだ。

それゆえ、**自社のネット通販に一番適した通販システムを選定する必要がある。特に、注意したいのは、物流をアウトソーシングする際、出荷に必要なデータを外部連携できるかどうかということだ。**

一般的なネット通販企業は、通販システムで受けた受注データを加工（在庫引当、入金確認等）し、出荷指示データを作り、物流代行会社に送る。物流代行会社はそのデータを一番効率的で正確な出荷ができるよう加工し、出荷作業をしていく。

物流代行会社がこのデータ加工に用いるのが「倉庫管理システム」だ。Warehouse Management Systemを略してWMSとも呼ばれる。

WMSの機能としては、

①庫内の在庫をロケーション別に正確に管理する
②出荷に必要な伝票類を正確かつ出荷効率の良い順番で出力する
③ヤマトや佐川といった配送キャリアと連携し、出荷伝票番号を発番し出荷報告データを配送キャリアに送信する
④倉庫内全体の作業進捗管理や様々なデータを分析する

などがある。

WMSの優劣こそが物流代行会社の優劣を決するといっても過言ではない。

物流代行会社を選定する際には、そこが使っているWMSの機能を聞くとともに、現在使っているネット通販システムと物流代行会社のWMSに連携実績があるか確認することが欠かせない。また、経営の観点から、どのようなデータを提供してくれるかも確認することをお勧めする。

ちなみに、当社（スクロール360）のWMSは、自社開発の『通販シェルパ』の経験や実績もあり、『頑張れ店長』『サバスタ』『フューチャーショップ2』『メイクショップ』『ネクストエンジン』『通販する蔵』など多くのASPサービスとのインターフェイスを確保している。

これらの通販システムを使っているショップが当社へ物流をアウトソーシングする場合、特別な変更なしで当社のシステムとデータのやり取りができる。受注データを当社へ送ればすぐ倉庫で出荷業務が開始され、最新の在庫データが日々送り返される。入荷予定データを送ればそれに合わせて商品の入荷と検収が行われ、すぐ在庫データに反映される。

このように情報システムを準備し、当社に商品を預けていただければ、すぐにネット通販のフルフィルメントが実行可能である。

ネット通販を制するためには、通販システムとWMSの連携がいかに重要か理解することから始める必要がある。

図表14　ネット通販におけるフルフィルメントのデータ連携の概念図

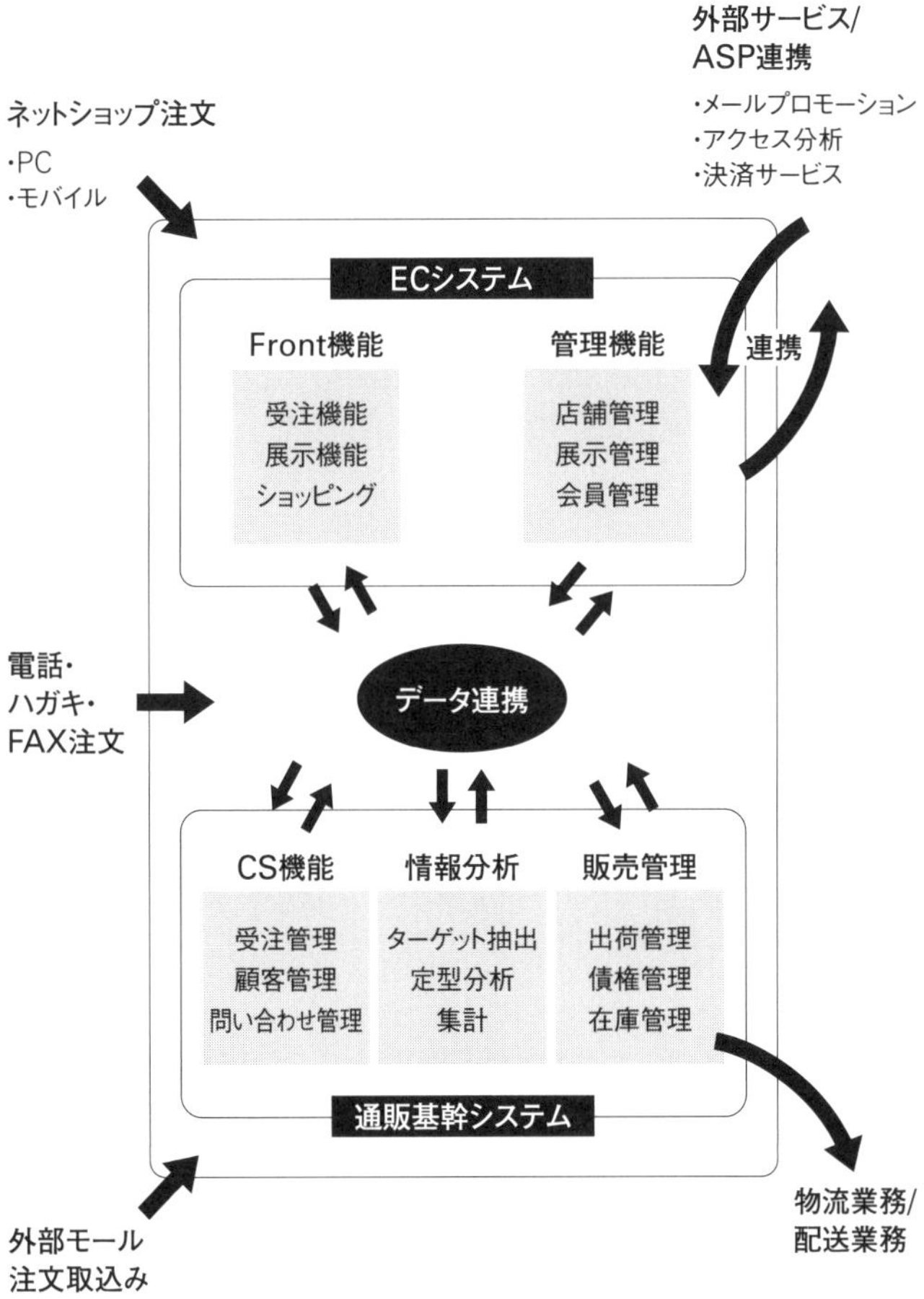

3. 経営視点のロジスティクス戦略「RightChain®」※

世界標準のロジスティクス理論との出会い

この節では、サプライチェーン・ロジスティクスを戦略的に構築する方法について触れたい。サプライチェーン戦略家として世界的に高い評価を受け、100社以上の世界のトップクラス企業に向け教育・コンサルティングプログラムを提供するエドワード・フレーゼル博士が提唱するRightChain®である。

RightChain®は、サプライチェーン全体最適化のための指針として、グローバルレベルで広く採用され、多くの成功事例を出している。現在では、世界標準のサプライチェーン・ロジスティクス戦略構築の枠組みといっていいだろう。

フレーゼル博士と我々との出会いは1988年に遡る。当時、アメリカ政府の依頼を受けて日本とアメリカのロジスティクスを比較検討するプロジェクトを遂行していたフレーゼル博士は、研究対象のひとつとしてスクロール（当時ムトウ）の物流センターを訪問されたのである。

それから24年後の2012年、スクロール360はRightChain®の教育・コンサルティング活動を展開している三菱化学エンジニアリングのLogOSチームから、RightChain®の理論を学んだ。

現在も引き続きRightChain®の考え方をベースにした様々な戦略構築・導入を行っており、その一環として2015年3月には、RightChain®の理論を採り入れた、最新のフルフィルメントセンターの稼働を予定している。

1988年にフレーゼル博士が訪問した物流センターに、27年後、博士自身が提唱している理論を用いたフルフィルメントセンターが稼働することに不思議な縁を感じる。

サプライチェーン・ロジスティクスという言葉は「物流」と混同されがちだ。物流はサプライヤーから消費者までの「モノ」の流れに関する活動を意味するが、サプライチェーン・ロジスティクスは消費者とサプライヤーを結ぶインフラの中の「モノ」「情報」「お金」の流れである。

このサプライチェーン・ロジスティクスを最適化する手法であるRightChain®が、多く

※ RightChain®は、三菱化学エンジニアリング株式会社 LogOSコンサルティングチームの登録商標である。

図表15　RightChain®の目的

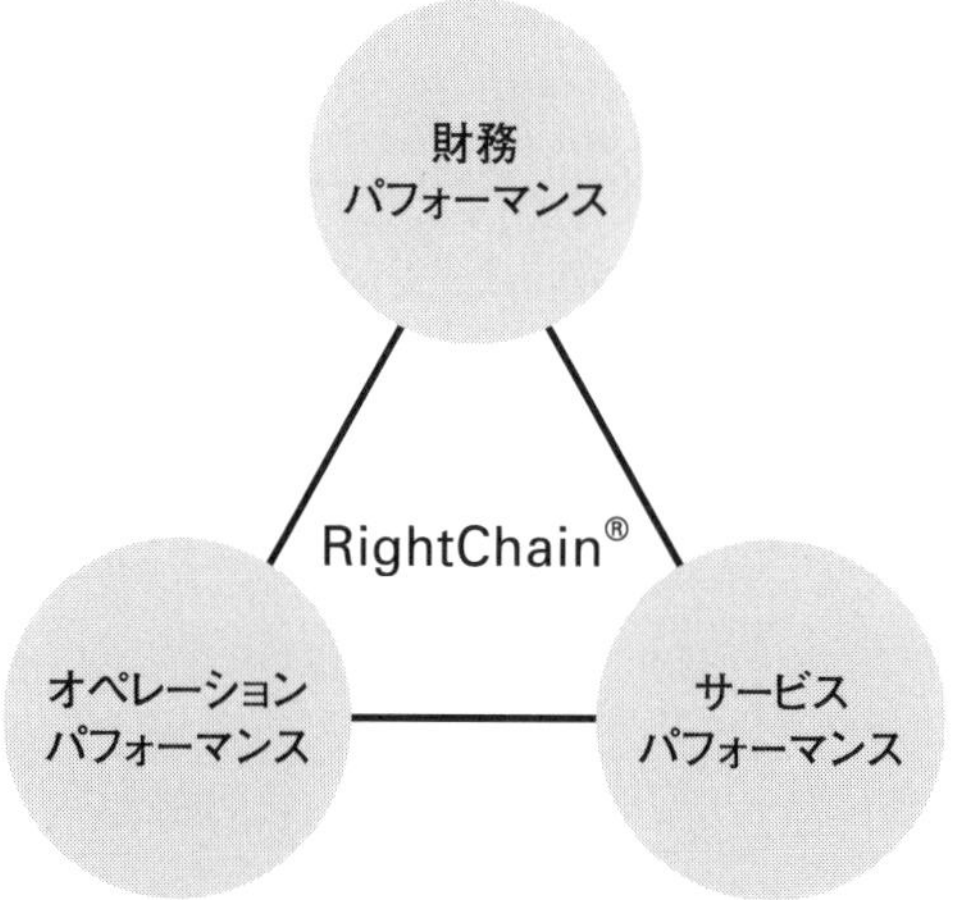

の成功事例を生み出している理由は、はっきりしている。

一般的なロジスティクス改善手法がオペレーションのパフォーマンス向上に視点を置いて取り組んでいるのに対し、**RightChain®では「財務」「サービス」「オペレーション」のパフォーマンスを同時に向上させることを目的としている**からだ。

RightChain®は、顧客へのサービスレベルを向上させるとともに、売上、経費、資本に対してロジスティクス活動が及ぼす影響も考慮する。この考え方こそ、他の理論及び手法とRightChain®が大きく異なっているところである。

RightChain®とは？

ここまでの説明では難解に聞こえるかもしれないが、具体例を挙げてみよう。

経営効率の指標としてROA（総資本利益率）がある。ROAは保有資産に対する利益の割合であるが、単に在庫を削減するだけでは、資本の回転率（効率性）はよくなるが、機会損失の発生により注文を逃したりクレームになったりして利益が損なわれ、結果ROAは高まらない可能性がある。逆に多くの在庫を抱えれば、機会損失は小さくなり売上が伸びるかもしれないが、資本の回転率は落ち、やはりROAは下がる可能性がある。

このように**ロジスティクスは多くの課題と複雑なトレードオフ関係で形成されている。RightChain®は、これらのトレードオフの問題を「最適化」する手法であり、最適化する範囲はサプライチェーン・ロジスティクス全体に及ぶ。**全体を最適化するということは、無条件でロジスティクスにおける全てのコスト（トータルロジスティクスコスト：TLC）を最小化することではない。最適化とは、一定の制約条件を満たした上で目的関数であるTLCを最小化することに他ならない。

ここで言うTLCとは、輸配送、ウェアハウジング（倉庫作業）、在庫維持、機会損失コストの合計である。また制約条件とは顧客サービスポリシーにあるフィルレート（在庫充

図表16　トータルロジスティクスコストの内訳

トータルロジスティクスコスト(TLC)＝

＋トータル輸配送コスト(TTC)

＋トータルウェアハウジングコスト(TWC)

＋ 在庫維持コスト(ICC)

＋ 機会損失コスト(LSC)

足率または納品率）とレスポンスタイム（どのくらいの時間で顧客のオーダーに対応できるか）が代表的である。

顧客サービスポリシーとは、企業と消費者の契約書のようなものと捉えてほしい。つまり「顧客との約束を守りつつ、TLCを最小化する」ということが全体最適化なのである。

また、我々は日々変化するビジネス環境に対応するロジスティクス戦略を構築しなければならないが、「RightChain®はこのビジネス環境とロジスティクス戦略をリンクさせるプログラムであるということもできる。

常に変化を続けるビジネス環境とロジスティクス戦略をリンクさせるプログラムがRightChain®なのである。

図表17　ビジネス環境とロジスティクス戦略を結ぶRightChain®

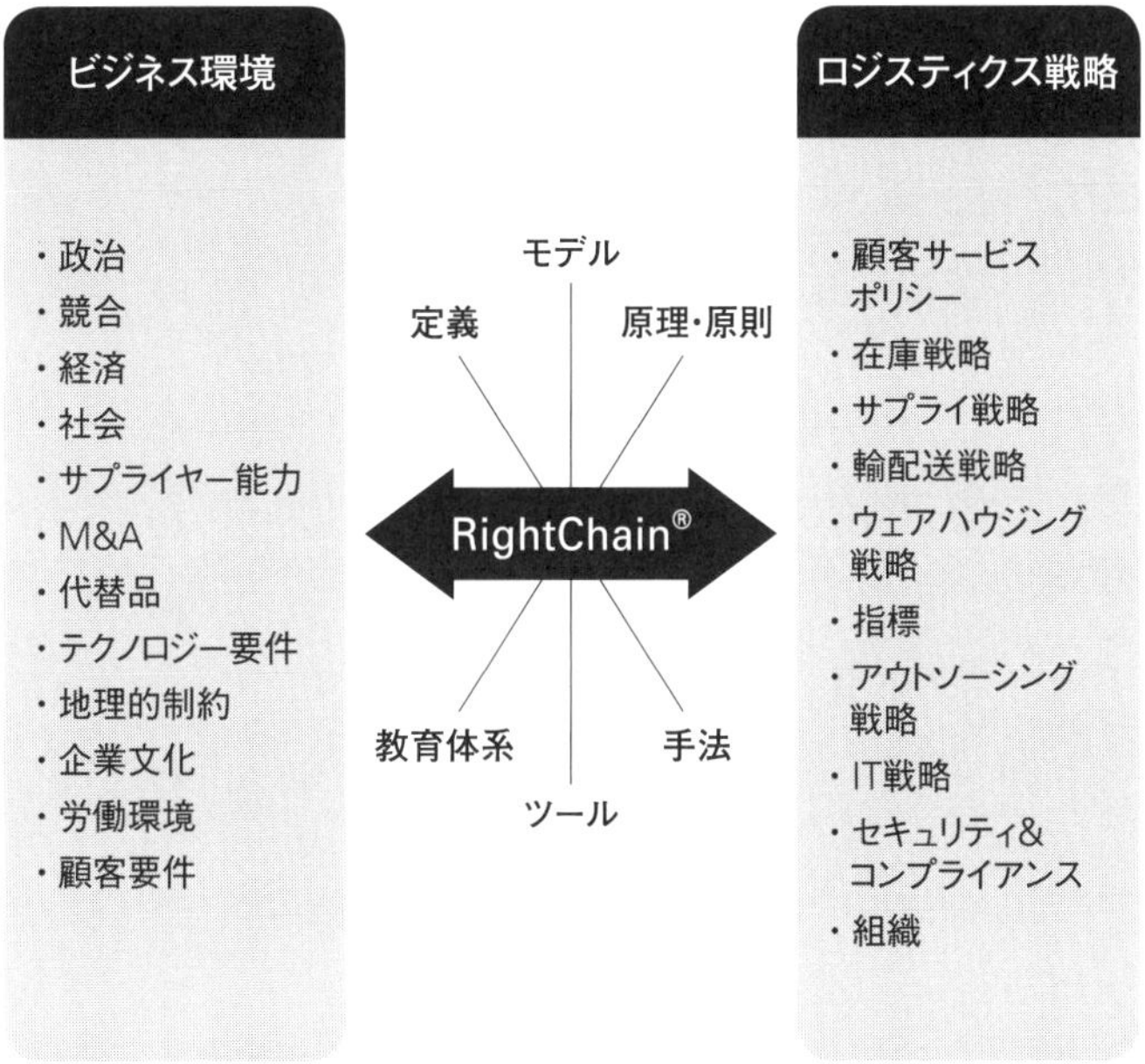

目指すべきは全体最適化

RightChain®では、ロジスティクス戦略を10の構成要素でとらえているが、その中でも特に5つの活動に注目し、全体最適化の枠組みとして「RightChain®サプライチェーン・ロジスティクスモデル」を提唱している（図表18）。

第1の「**顧客サービス**」では、顧客セグメントごとにフィルレート（在庫充足率）、レスポンスタイム、付加価値サービスなどのサービスレベル（顧客サービスポリシー＝CSP）を設定する。

第2の「**在庫管理**」では、CSPにおいて顧客セグメントごとに設定されたサービスレベルを実現するために必要な在庫量を決定する。

第3の「**サプライ**」では、必要な在庫量を確保するため、仕入れや製造のスケジュールを最適化しコーディネートする。

第4の「**輸配送**」では、CSPで定義されたレスポンスタイム要件を満足するネットワーク（拠点検討）の最適化、そして必要な在庫量を確保するため、サプライにともなう輸配送のオペレーションを最適化する。

第5の「**ウェアハウジング**」では、顧客サービスポリシー（CSP）において顧客セグ

図表18　RightChain®サプライチェーン・ロジスティクスモデル

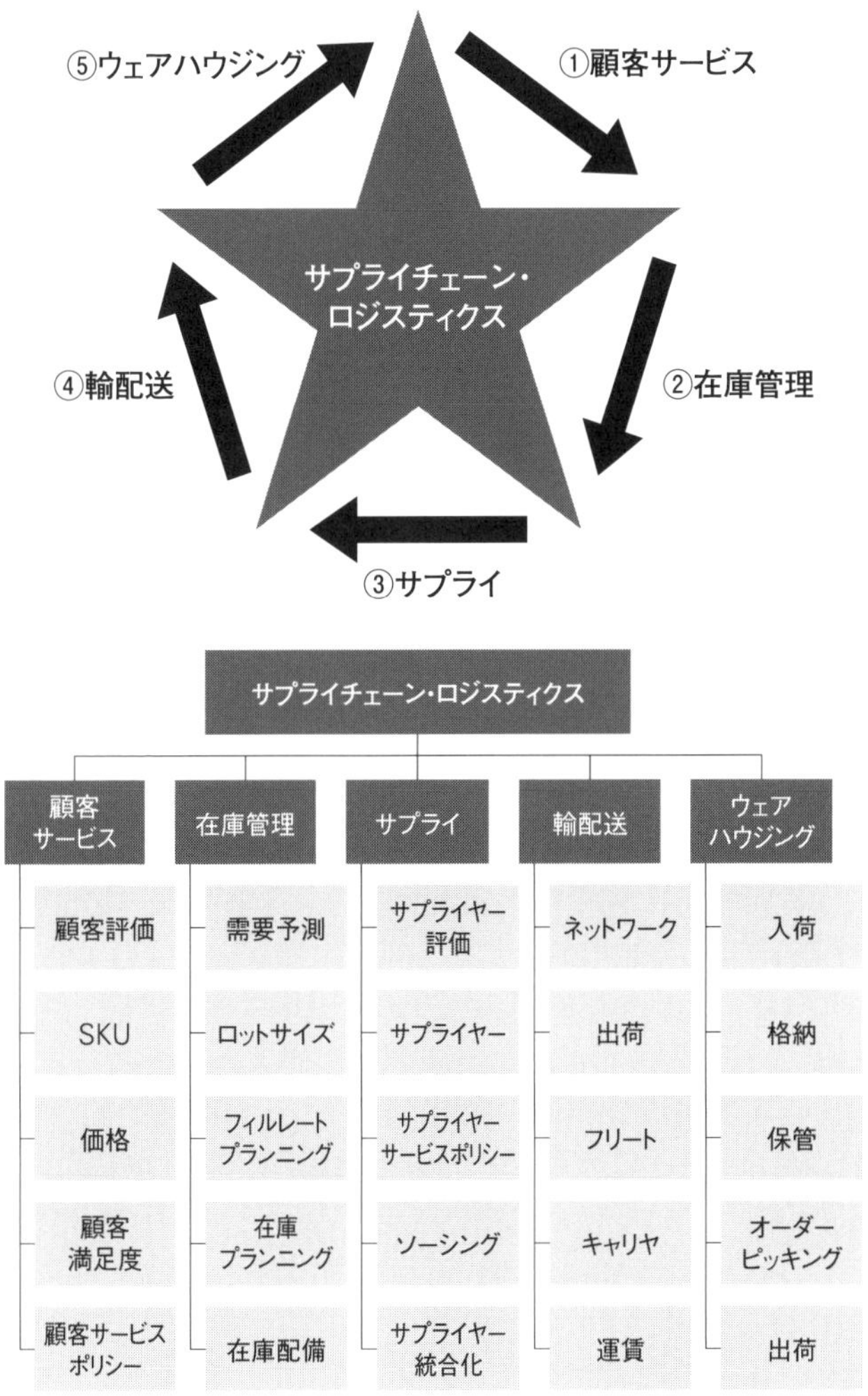

メントごとに設定されたサービスレベルを実現するため、倉庫における入荷、格納、保管、オーダーピッキング、出荷を最適化する。

これら5つのロジスティクス活動をここに挙げた順番で最適化していくことが、RightChain®の目標である。

なお、RightChain®についてより詳しく知りたい方は、『サプライチェーン・ロジスティクス』（白桃書房刊）または『在庫削減はもうやめなさい！ 経営戦略としての「サプライチェーン最適化」入門』（ダイヤモンド社刊）を参照されたい。

4. ネット通販におけるロジスティクス活動の構築方法

顧客サービス

前節で紹介した5つのロジスティクス活動をネット通販においてどのように行うのか、ネット通販物流との関連を意識しながら各々についてみていこう。

まず必要なのが、図表18の①「顧客サービス」の最適化だ。どんな属性や好みを持った顧客に対して、どのような物流サービスを提供するのか、基本目標（顧客サービスポリシー＝ＣＳＰ）を設定しなければならない。この顧客サービスポリシーが設定されなければ、他のロジスティクス活動をどのように行うかが決定できない。

しかし、ネット通販ではＣＳＰがないがしろにされているケースが多い。よくあるのは、「お客様から言われた通りにします！」という場当たり的対応だ。「私たちはお客様のかゆいところに手の届くサービスを提供します！」といった抽象的な表現ですませているケースも少なくない。

「私たちは全てのお客様に対し、翌日配送を実現します！」というのはどうだろう。これでは、深夜零時直前の注文も翌日中に配送しなければならなくなる。現実的に実現できないことはＣＳＰに設定してはならない。

ネット通販におけるＣＳＰとは、ネット通販企業が顧客に提示する「送料」「ギフト配送」「当日出荷締め時間」「稼働日（曜日、大型休暇）」「キャンセル締め時間」「顧客都合返品取扱い」などの約束だ。顧客はそれを信じて注文をしてくる。

このＣＳＰが、ロジスティクス戦略における在庫管理、サプライ、輸配送、ウェアハウジングを規定していくすべての起点となる。顧客から言われるがままにとか、自社の都合でサービスレベルを変えたりするのでは顧客の不信を招くだけだ。

在庫管理

次に、図表18の②「在庫管理」の最適化を行う。

①で設定されたCSPを実現するには、どの程度の在庫量が必要なのか、商品のジャンルやカテゴリー、あるいは顧客のタイプごとに設定する。いわゆる在庫戦略の策定だ。

在庫戦略というと、往々にしてサプライチェーン内の在庫量を最小化することがゴールだと考えられている。しかし、**本当のゴールは、CSPの要件を満たし、サプライチェーンの財務パフォーマンスを最大化する在庫量と品揃えを決定することである。特に重要なのが予測精度の最適化だ。**予測精度が悪化すると、在庫切れや過剰在庫がすぐ発生する。

単品通販の場合は、主力商品の製造ロット・リードタイムを計算し、閾値(発注点)をSKU別に設定し、在庫点数が発注点を切ったら警告を発するシステムが有効である。

ロングテール型の場合は売れ筋商品(ショートヘッド)、それ以外(ロングテール)とで管理方法を分けるのが一般的だ。ショートヘッドは倉庫に在庫を置き、ロングテールは受注後サプライヤーへの発注を行い、到着後即発送するシステムで運用していく。

この場合、サイト上に在庫の有り無しを表示すると良い。SKUごとに在庫あり(翌日発送)、お取り寄せ(在庫ナシ〜到着次第発送)と表示することで、顧客からの無用の問い合わせやクレームを防止することができる。

サプライ

続いて、③「サプライ」の最適化である。RightChain®ではサプライを、「在庫プランニングにおいて設定されたターゲットを満足させるための十分な在庫を調達または獲得するプロセス」と定義している。

筆者の経験では、ネット通販における商品の調達先は複数あるのが一般的で、コストも異なる。顧客サービスポリシーおよび在庫戦略で決めた発注から納品までのリードタイムや商品の品質水準をクリアできないサプライヤーからの調達を続けていると、自社の評価が悪くなってしまう。定期的なサプライヤー評価と入れ替えも想定するべきだ。

また、次章で詳しく解説するが、入荷検収はサプライヤーの協力がないと効率化はできない。商品の納品価格とともに、リードタイム遵守や納品形態の協力度合いもサプライヤー評価においては重要なポイントとなる。

《 輸配送

筆者の経験上、ネット通販業界では輸配送についてはコストにのみ注目する傾向があるが、一番価格の安い配送キャリアを選べばいいというものではない。ＣＳＰに照らし、多少コストが高くても顧客の評価やイメージで配送キャリアを選ぶ方が良い場合もある。

コストについては事前に、サイズ別・配送エリア別発送件数をもとにシミュレーションできるが、タリフ（配達価格表）は出荷拠点によって変わるので注意が必要である。基本的には顧客が多いエリアに近いところから出荷するほうがコストダウンとなる。**ネット通販の場合、人口分布にほぼ比例し、関東から関西までのエリアが全出荷数の70％前後となるため、関東から関西の間で出荷するのが価格的にも配達時間的にもパフォーマンスが良くなる。**

また、価格が安く、大きさも薄く小さいもの（ポストに入る大きさ）の場合は、ポスト投函するタイプのサービスを各配送キャリアが提供しており、化粧品等の「トライアル・セット」の配送の場合に採用されることが多い。ただし、配達時に捺印をもらわないため、未配達といったクレームがおこっても商品受領のエビデンスがない点には注意が必要である。

ウェアハウジング

これは、サプライチェーン戦略において最後に検討すべきロジスティクス活動だ。ウェアハウスはサッカーのゲームにおけるゴールキーパーのようなものとされる。好むと好まざるとにかかわらず、それは**ディフェンスの最後の砦であり、またそのような能力があるところに任せないと、点の取られ放題=クレーム続出となってしまう。**検討の結果、物流代行会社にウェアハウスの運営を任せるべきという結論に至るかもしれない。

ネット通販の場合、「ウェアハウジング」におけるオペレーションコストの大半は、注文に応じて商品を棚から取り出し、箱詰めするピッキング作業が占める。しかし、倉庫における入荷、格納(棚入れ)、保管、ピッキング、パッキングはそれぞれ単独で合理化、効率化できるものではない。あくまで目指すべきCSPがあり、それを達成するためにロケーションや作業手順が決定されるのだ。例えば、ギフト加工の多いネット通販ではギフト加工用のラインを設ける必要があるし、受注発注方式の場合は、入荷検品後、即出荷ができるクロスドック型のロケーションが必要になる。

ウェアハウジングを設計する起点もやはりCSPであり、それを物流スタッフが共有し、維持することがネット通販企業の成功に繋がる。

5. スクロールにおけるロジスティクス戦略

《「2週間以上待たせてはいけない」

本章の最後に、スクロールにおけるファッションおよび雑貨のネット通販事業の実例をご紹介しよう。

スクロールのCSP（顧客サービスポリシー）は多岐にわたるが、物流に関係する最も重要なポリシーは、「顧客のオーダーに対して2週間以上待たせてはいけない」ということだ。

カタログ総合通販の場合、ヒット商品が生まれると追加発注した商品が到着する前に、倉庫内の在庫がゼロになることが度々発生する。その際に入荷予定日が2週間以上先になると、顧客には「品切れ（一時的な品切れ）」の告知をする。ネット上では「在庫ナシ」となる。

商品担当者は品切れ率とともに残在庫金額で評価されるため、在庫の最小化とともに機会損失の最小化（品切れ率の低下）をミッションとして発注業務に取り組むことになる。

「品切れ」と「残在庫」の数値目標

在庫管理では仕入れ担当者に「品切れ」と「残在庫」の数値目標を設定している。発注した数だけ売れればベストだが、それには「どれだけ売れるのか？」が当たらないと正確な発注ができない。「受注予測精度」をあげることがキーとなる。

スクロールの受注予測方法は、早期展開カタログ（パイロット・カタログ）から受注傾向を分析し、最終受注金額を予測することがノウハウとなっている。

カタログ掲載商品にはすべて販売目標点数があり、本展開の1ヵ月前にパイロットカタログを発行し、その2週間後の受注点数から最終受注点数をＳＫＵ単位で割り出す。サイズ別の注文点数の分布は経験則で割り出せるが、色・柄別はパイロット・カタログの結果を見ないとわからない。上記の予測から、商品担当はヒット商品の追加発注と、負け商品（計画数にいかない商品）の処分策の検討を始めるのである。

サプライヤーはパートナー

スクロールのサプライヤーは、ほとんどがスクロールの顧客ポリシーを理解している。長

図表19　スクロールの受注予測方法（例）

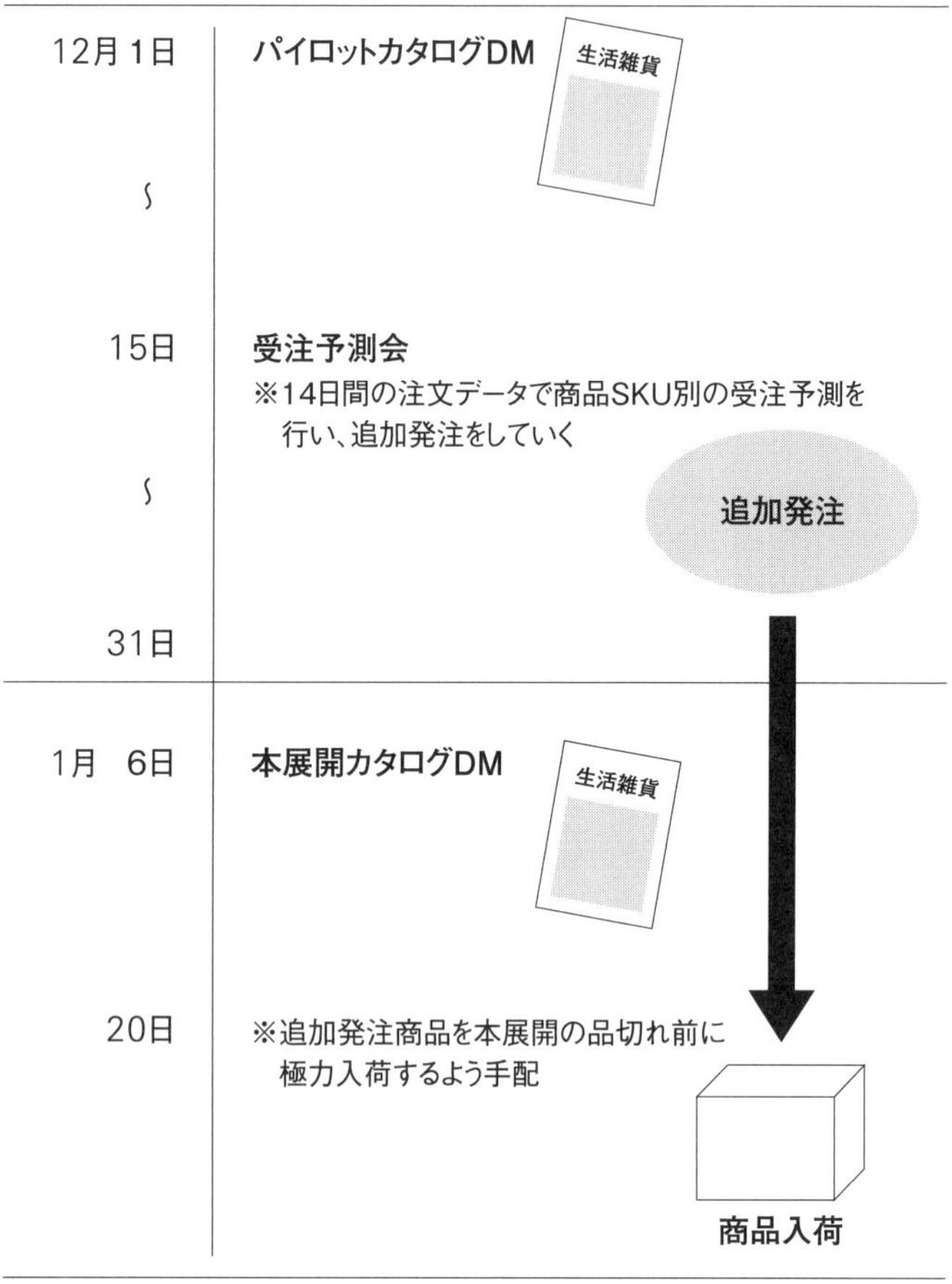

い年月をかけ顧客ポリシーを共有してきたパートナーともいえる。

カタログ掲載された商品の受注は日々ＥＤＩ（電子データ交換）を通じて確認でき、サプライヤーの担当は注文状況に応じて、生地や付属品などの追加手配をしていく。

時には、スクロールの商品担当に対して、「この発注数で大丈夫ですか？」といった電話をいただくこともある。サプライヤーとスクロールが、ともに機会損失と残在庫の最小化を目指して機能しているわけだ。また、サプライヤーとは不良品の発生率や納品数量誤差率などのデータも共有され、トータル物流コストの低減をサプライヤーの協力で実現している。

サプライヤーからの納品方法は細かいルールが設定されている。入荷計画遵守を徹底するとともに、商品には管理シール（バーコード付）が貼られ、全サプライヤー統一の規格箱での納品を義務付けている。

たとえばアパレル商品は海外生産が多く、現地での検品・検針を通ったものだけを日本にコンテナ輸送する。サプライヤーはＥＤＩを通じて受注予測数を事前に把握し、商品担当からの発注に対応し、ＣＳＰの「注文から2週間以内」に納品できるよう、生産手配をしていくのだ。その結果、出荷が細切れにならず、最小納品回数のなかでサプライできることになる。

図表20　EDI画面の例

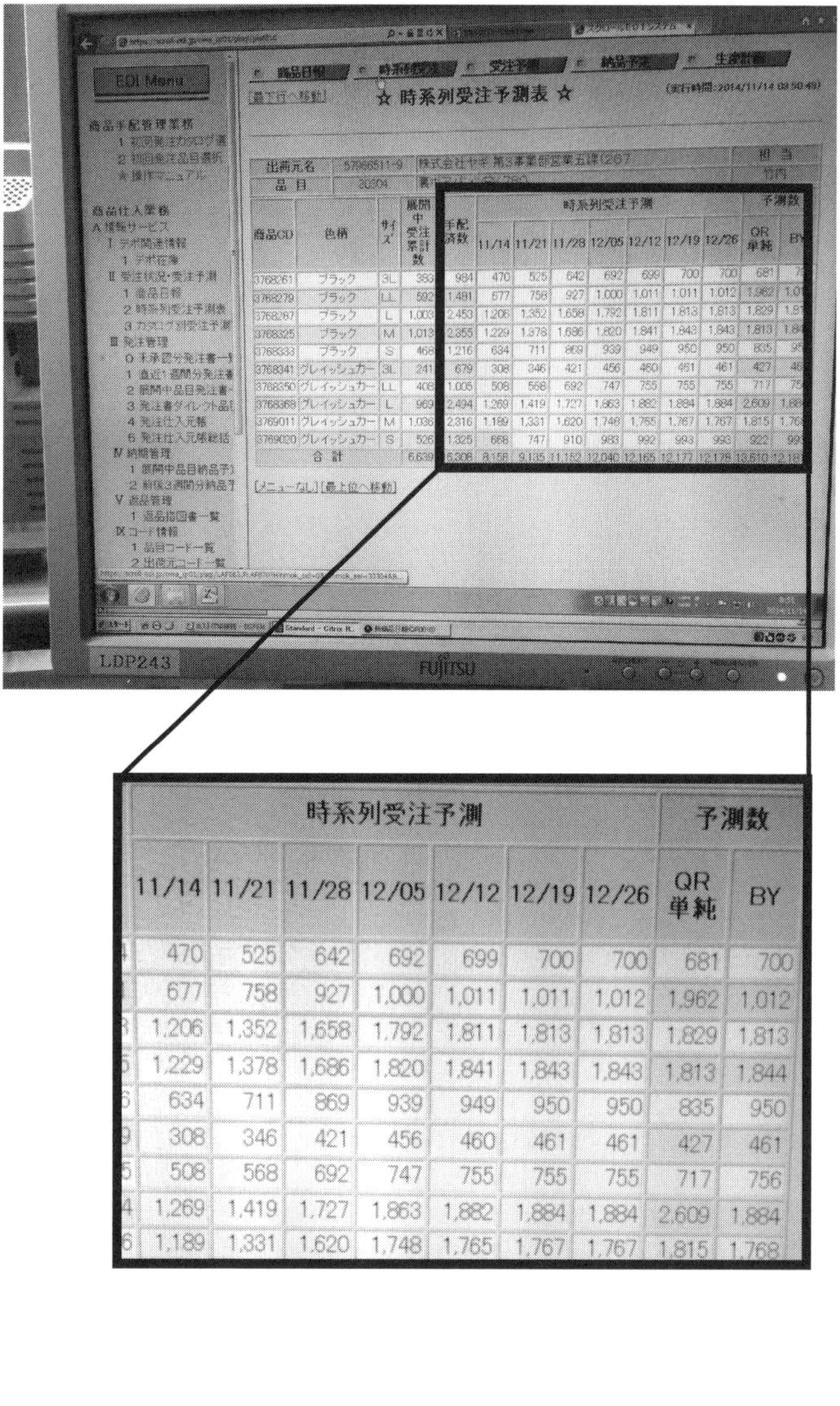

顧客ニーズに応じた配送キャリアの組み合わせ

スクロールの物流拠点は、静岡県浜松市の東名高速道路浜松西インター近くにある。本州のほぼ中央に位置し、日本全国に商品を出荷するにあたっては、時間およびコストの点で優位性がある。配送キャリアについては、コストとサービスのバランスの観点から、顧客ニーズに応じて組み合わせ、最適化を図っている。

また、ネット通販企業の物流代行を行っているスクロール360では、クライアントの配達地域分布に応じて配送キャリアを組み合わせ、コスト低減を実現している。

規格箱にSCMラベルを貼付

ネット通販の物流において、ピッキングから梱包までの業務はどこでやってもあまりコストに差は出ない。一番の差が出るのは入荷検収だ。

筆者の経験上、中小のネット通販企業ではサプライヤーの協力が得られないケースが多いが、**10億円クラスの売上規模になり、サプライヤーへの発言力が高まった時点では、入荷検収の効率を上げるための協力要請をすべきである。**

具体的には、ネット通販企業の発行した発注書を商品納品時に同封させ、その発注書をもとに入荷検収をする。さらに発注書にバーコードでIDを記載しておき、バーコードで入荷検収をするだけでも作業効率は格段にあがる。

スクロールの場合、サプライヤーが出荷する際に規格箱（サイズが定められた箱）の外装上にSCMラベル※を貼付することをルール化している。SCMラベルのバーコードを読むとそのカートンケースの中に入っている商品のSKUと数量が瞬時に確認・検収完了となり、同時にその規格箱を収めるロケーションID（商品を保管する住所）が新たに貼付される。1ケースの数十点にわたる商品の検収と棚入れ指示が瞬時に自動的に終わるため、入荷検収の人的コストはほぼゼロに近いものになる。

このように、顧客サービスポリシー（CSP）を最優先にしつつ、在庫管理・サプライ・輸配送・ウェアハウジングを組み立てるわけだが、具体的には売上規模、販売商品、販売方法によって異なるため、経験のある物流代行企業からアドバイスを受けることをお勧めする。

※ Shipping Carton Markingラベル。オンラインで伝送される出荷明細と納品された商品を照合するため段ボールや折りたたみコンテナに貼られるバーコードラベル。

図表21　スクロールのサプライチェーン

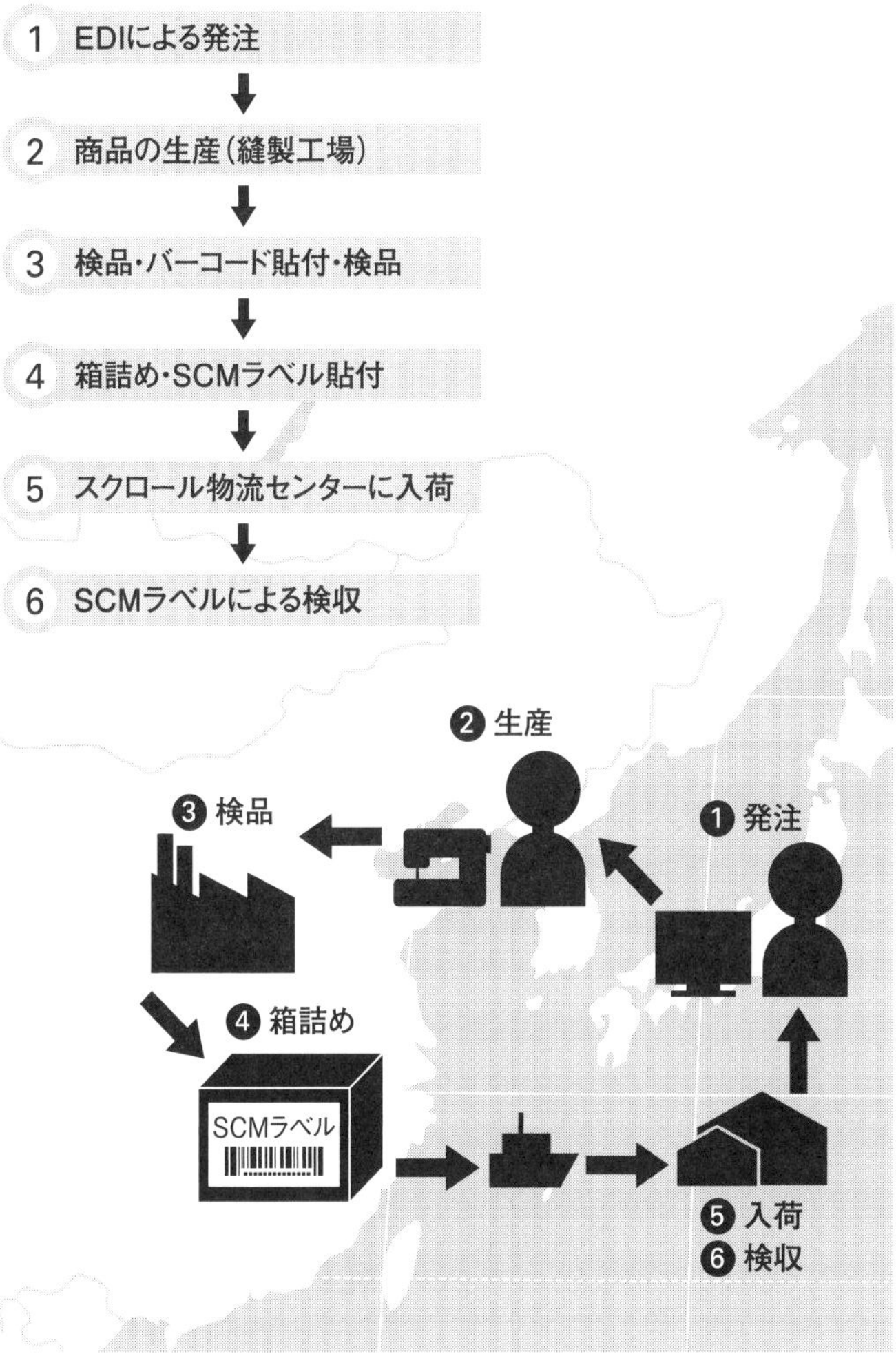

第2章のまとめ

□ネット通販は一般的な小売業とはバリューチェーンが異なり、物流を含む「フルフィルメント」に特徴がある。

□ネット通販には「桶の理論」と呼ばれる経験則があり、一番悪い業務の評価が全体の評価になってしまう。

□物流最適化のためには、世界標準となっているロジスティクス戦略「RightChain®」が参考になる。

□5つのロジスティクス活動を順番に沿って最適化していくことが「RightChain®サプライチェーン・ロジスティクスモデル」の目標である。

□売上10億円前後では、入荷検収を効率化するための、サプライヤーへの協力要請が重要である。

第3章

ネット通販における
ウェアハウジングの実像

1. ネット通販とウェアハウジング

《ウェアハウジングの基本

ネット通販における物流業務の中核を占めるのが倉庫での作業（ウェアハウジング）である。

ウェアハウジングはさらに、商品の入荷、検収、棚入れという「入荷系」と、注文を受けての出荷伝票の発行、ピッキング、梱包、宅配便での出荷という「出荷系」に分けられる。

「入荷系」「出荷系」は時間的にはずれるが、当然ながら**相互に密接に連動しており、いかにミスを少なく、スムーズに行うか、全体を俯瞰しながら設備や装置、人員配置や作業手順、さらには情報システムまでを一体的に設計、運営することが鍵を握る。**

ウェアハウジングにおけるこうした設計、運営の具体的なポイントを順にみていこう。

図表22　ネット通販におけるウェアハウジングの流れ

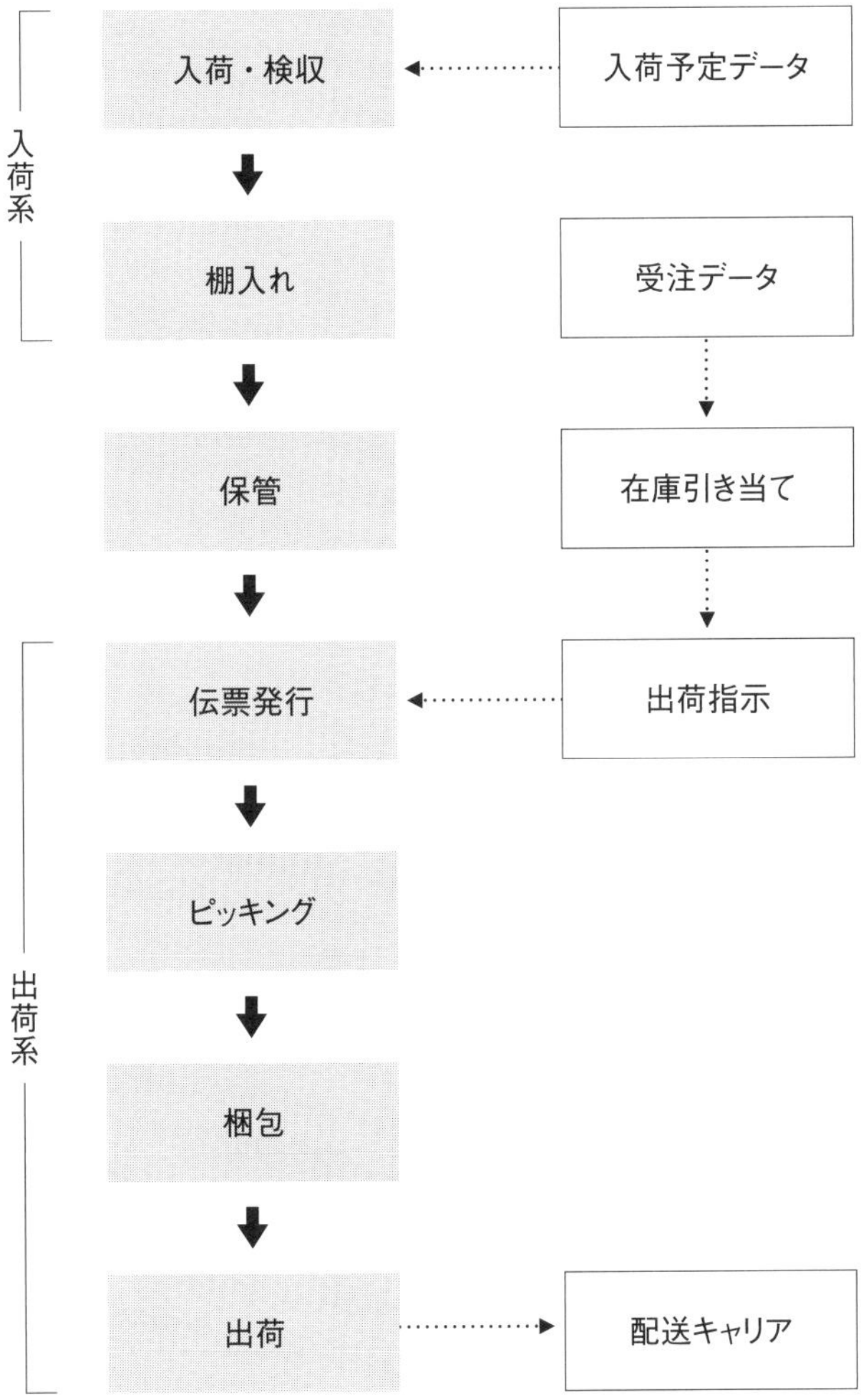

2. 入荷・検収

《 商品コードは必要不可欠

商品企画に基づいてメーカーや卸に発注した商品が倉庫に到着する。「入荷」した商品を受け取るとともに、ただちにその中身をチェックする「検収」を行う。検収は、商品の種類、数量、破損の有無などを確認する作業だ。

ネット通販物流ではこの「入荷・検収」でいろいろな問題が発生する。

たとえば、小規模なショップでは、自社内での商品管理にＪＡＮコードを使っていないことが多い。ＪＡＮコードとはいわゆるバーコードのことで、正式にはJapanese Article Numberと呼ばれ、日本における共通商品コードとして流通情報システムの重要な基盤となっている。商品の種類や点数が少ないうちはＪＡＮコードではなく、社内独自のコードでも構わないが、事業の成長を考えるならなるべく早い段階で導入したほうがよい。ロングテール型で販売する商品アイテムが多い場合は特にそうである。

一方、雑貨などのように多数のベンダー（メーカーや卸）から商品を仕入れている場合、ベンダーとショップの力関係はベンダー優位である。商品コードはもちろん納品伝票もベンダーが用意したものがそのまま使われる。第1章で紹介したように、自社側でキャンペーン用などいつもとは異なる商品名、コード名を付けたりすると、現場で混乱が生じる。それなりの規模の発注量になれば、自社専用の商品ラベルを貼ってもらっての納品も可能だが、かなりの大手ショップでなければ難しい。

当社では**JANコードと自社コード（ハウスコード）の併用**をお勧めしている。JANコード化率が70％以上あれば、残り30％にハウスコードのバーコードラベルを貼付すれば、入荷・検収以降の業務がすべてバーコードでの確認となるため、熟練度を要さず正確な出荷ができるようになる。

自社のオリジナル商品で販売商品アイテム数が少ない場合も早い段階で、バーコードを外装上に印刷することをお勧めする。単品通販とはいえ、事業拡大の中で、必ず商品アイテムや同梱物は増加し、人的検収ではそれ以上物流を拡大できなくなる時期が来るからである。

入荷「検品」と入荷「検収」

検品と検収という用語を使い分けているケースがあるため、それぞれの作業内容を理解する必要がある。物流用語辞典では両者とも同じような意味で記載されるケースが多い。

当社では、**「商品の品質を確認すること」を入荷検品、「納品数量を確認すること」を入荷検収**と言葉を使い分けている。物流代行会社が「検品をします」と言った時は、必ず「品質検品ですか？　数量検品ですか？」と確認することだ。

検収（数量確認）については、個品検収とケース検収の2通りの方法がある。個品検収はひとつの箱に複数のアイテムが同梱される場合に、1アイテムずつ数量を確認することで、ケース検収は1ケースに10個とか20個とか、納品数が決まっている場合、いちいち箱を開けずに納品数量をケース単位で確認することである。それぞれの検収コストは違ってくるため、どちらでするのかは、商品の納品形態の違いで判断する必要がある。

検収（数量確認）とはいえ商品の外装上、瑕疵がある場合は荷主であるネット通販企業に連絡し、販売商品として使ってよいかどうかの判断をもらってから、在庫計上をすることになる。

検品（品質確認）はさらに品質や寸法といった詳細のチェックとなるが、品質の安定した商品に対し、全数検品をすることは作業コストの無駄となる。また、基本的に商品の品質や寸法チェックの役割はその商品を出荷するサプライヤーの責任で、ネット通販企業としてはやるとしても抜き取り検品までである。そして、品質規格外での納入が判明したサプライヤーに、注意やペナルティを課すことがネット通販企業の本来の役割であろう。

3. 棚入れ

《棚番号での管理が基本

検収（数量確認）の終わった商品は倉庫内の適切な場所に置いて保管する。その際、**商品はすべて商品コードと棚番号で管理するのが基本だ。**

商品名や商品コードを棚番として使っているネット通販企業の担当者からはよく、「なんで棚番が必要なのですか？」という質問を受ける。

答えはとてもシンプルで、

①商品名や商品コードを知らなくても誰でも効率的にピッキングできる

②ロケーションの設計の自由度が高く、効率的なピッキングのためロケーション変更がしやすい

ということだ。

もしも商品名でピッキングをしていた場合、大量の注文がきて、急遽、派遣社員を投入したとしよう。担当者は、ひとつひとつの商品名とその場所を派遣社員に教えるところから始めなければならない。物覚えの悪い派遣社員がきたら、最悪である。

また、商品コード順にロケーションを配置した場合、売れ筋商品がたまたま一番奥の棚にきたら、毎日、一番遠いところまで何回もピッキングで往復しなければならなくなる。

当社では**フリーロケーション**という方法を採用している。商品の売れ筋状況を確認したうえで、順次、近いところに商品のロケーションを変更していくのだ。(略して「**ロケ変**」と呼んでいる)

棚入時も、一番近いところに一番入荷の多い商品の棚があるので効率的になる。

ロケーションの設計では、「売れ筋」という要素の次に重要なのは、商品の大きさによる分類である。間口・高さ・奥行きによって大中小の3段階に分け、棚の区分けもそれぞれ3つに分けて準備する。棚にはそれぞれ棚番号のバーコードラベルを付けて、商品がぴったり入るところに棚入れし、商品と棚番バーコードを読み取ることで棚番設定を完了する。

《棚番号の配置は「一筆書き」に

棚番号の付け方にもコツがある。一番大切なのは、ピッキングの効率を考えることだ。たとえば、ひとつの棚で裏表、両側からピッキングできるようになっている場合、「一筆書き」を描くように棚番号をつける。また、それぞれの棚には、商品がなくなった際、どこに補充用の在庫が置いてあるか一目でわかるような表示をしておくことも大切だ。

ある倉庫では、1階にピッキング用の棚があり、補充在庫は2カ所の階段から上がった2階に置いてある。そこで、補充在庫の位置が手前の階段を使ったほうが近い商品は「青」、奥の階段を使ったほうが近い商品は「赤」と一目でわかるように表示している。

これなら新人スタッフや繁忙期のパートスタッフでも効率よく作業ができる。

《アウトソーシングへの移行方法

棚入れは、アウトソーシングの際にも重要なポイントになる。

ある食品関係の専門ショップが、自社での物流業務を全面的に当社に移管したケースでは、10トントラック20数台での引っ越しとなった。

図表23　棚番号のつけ方の例（「一筆書き」方式）

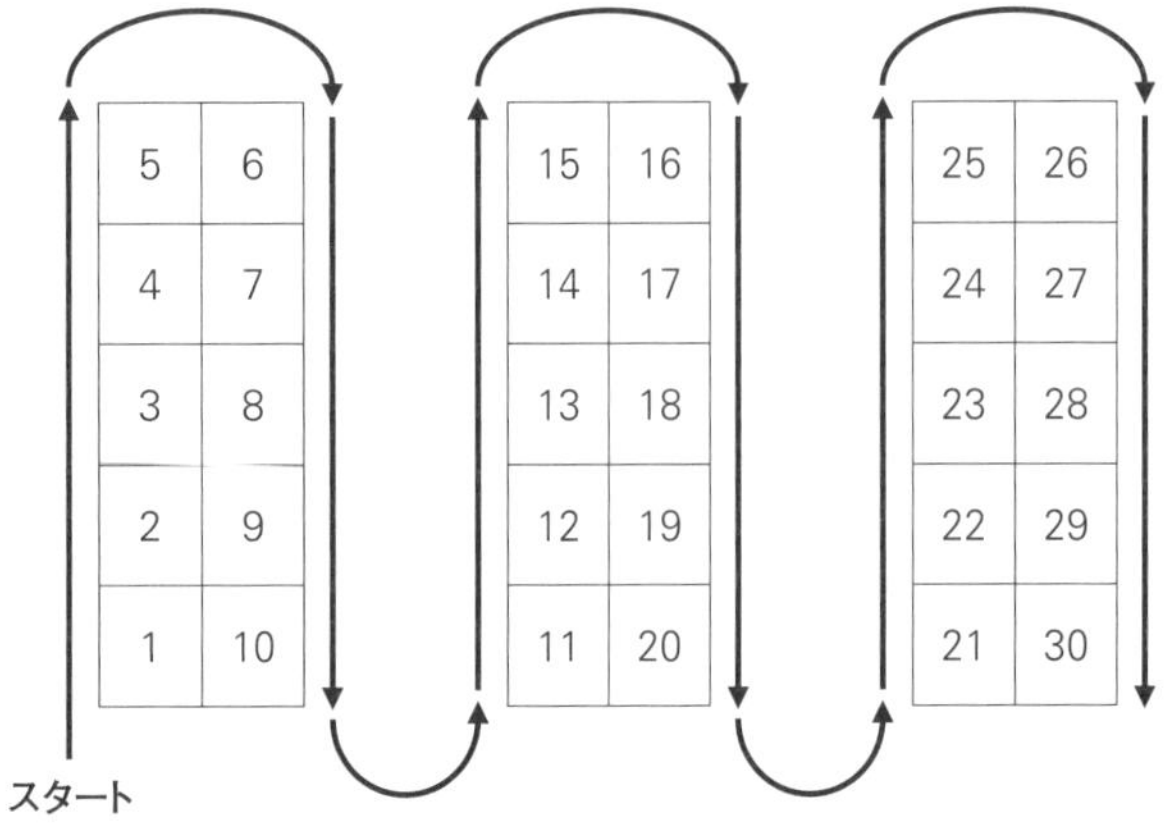

図表24　補充在庫の場所がわかる棚の例

このとき、当社の専門家が事前に先方の倉庫へ1週間、チェックに行き、商品の種類、大きさ、保管状況などを確認の上、どのように棚入れするかを入念にプランニングした。その結果、**必要な倉庫の面積は従来の半分以下に減ったの**である。

以前は、大きな棚に小さな商品が2個だけ入っていることもあった。それを商品の大きさによって大中小と3段階に分け、それぞれに棚番を付け直して収納した結果である。

別の雑貨専門ショップが物流を当社にアウトソーシングしたケースでも、10トン車18台分の商品を移動した。複数の倉庫に分散していた商品を一か所に集約して在庫管理することが目的で、やはりスペースの大幅な縮小が実現した。

いずれの場合も、現場で商品をすべて確認するとともに、商品マスタをもういちど整備しなおし、ひとつのSKUにひとつの棚ロケーションを割り付けるところから始めた。物流のアウトソーシングは商品マスタの整備が不可欠であり、そのことで効率化が進む。

同じ商品に2つの商品コードがついていたり、ひとつの商品コードに2つの商品が登録されていたり、すでに廃番になった商品の登録がたくさんあったりする場合は、商品マスタの整理ができないと、次の物流業務の効率化ができない。

当社がネット通販企業のアウトソーシングが可能かどうかの判断で一番最初に確認するのは、商品マスタの整備状況だ。

4. 伝票発行とピッキング

効率を上げる伝票発行ノウハウ

伝票発行をコントロールするのが倉庫管理システム（WMS）の役割のひとつだ。

この伝票発行の順番をコントロールすることで、ピッキングから梱包までの作業効率が大きく変わってくる。また、誤出荷を防ぐ手順を入れ込むのにも、伝票発行が重要な役割を果たすことになる。

いくつか伝票発行の事例をあげてみよう。

(1) 1オーダーに複数の商品がある場合＝棚番順自動並べ替え

顧客から注文が入ると、受注システムから出荷指示が倉庫へくる。しかし、顧客はネット通販で商品を注文するとき、倉庫の棚番を知っているわけではない。たとえばA、B、C、D、Eと5点の注文があったとする。当然のことながら、倉庫の棚にはこの順番で商品が格納されているわけではない。

そこで、ピッキングの作業指示書を発行する際、コンピュータ上で自動的に実際の棚番順に商品を並べ替える。こうすると、担当者は棚の間をひと筆書きのように歩いていき、効率よく注文された商品を集めてくることができる。あちこちで棚の間を後戻りする必要がないのである。

人が歩くと汗をかくが、コンピュータの中でデータを動かしても汗は出ない。できるだけ人を歩かせないように作業指示書の出力をコントロールすることが重要である。物流作業設計の基本は「**歩かせない、動かさない、考えさせない**」である。

(2)同じ商品の単品注文が多い場合＝トータルピッキング・リスト

同一商品の1点買いがたとえば20オーダーあった場合、(1)のように伝票発行すると20回往復しなければならなくなる。とても効率の悪いやり方だ。

この場合は、同一商品のオーダー毎にくくって伝票(トータルピッキング・リスト)を発行する。トータルピッキング・リストにそって20個を1回でピッキングしてきて、その後で1オーダー毎に梱包することで大幅な効率アップになる。

（3）アイテム数・オーダー数が多く誤送が心配な場合＝バーコード検品

アイテム数が多くなると人間の目で確認することは不可能になる。

この場合はバーコードによる検品が一番正確だ（POS検品とも言う）。作業指示書のバーコードを読み込むとそのオーダーに含まれる商品明細がモニターに表示される。次に各商品のバーコードを読み込むことで検品し、全て合致するとOKの表示がでる。

この場合の伝票発行（送り状と納品明細書）は、予め発行して作業指示書に添付する方法と、検品終了時に発行する方法（オンデマンド印刷方式）がある。

予め発行した場合、伝票セッティングという手間と、作業中に伝票が紛れて誤送するというリスクがあるため、オンデマンド印刷方式のほうが正確性は確実に高くなる。

ただし、初期投資コストもかかるため、ネット通販企業の規模や現状の誤送率を勘案して導入の可否を判断することをお勧めする。

（4）少ないコストで誤送を減らしたい場合＝一体化帳票

（3）ほどの投資はできないが、誤送をとにかく減らしたいという場合は一体化帳票をお勧めする。

これは作業指示書、納品明細書、送り状を1枚の用紙にまとめて出力する方式だ。これ

図表25　バーコード検品・オンデマンド印刷方式の作業台

により伝票セットの手間がなくなり、セットミスや伝票紛れを防ぐことができる。一般的に物流代行会社が採用しているケースが多い方式である。

オーダーピッキングとバッチピッキング

棚から商品を取ってくるピッキングのやり方には大きく分けて、オーダーピッキングとバッチピッキングがある。

「**オーダーピッキング**」は文字通り、一人ひとりの顧客の注文別にピッキングするもので、1回のピッキングで1オーダー分の商品を集める。

「**バッチピッキング**」はこれに対し、何人分かのオーダーをまとめてピッキングしてくるものだ。このひとまとまりを「バッチ」と呼ぶ。

たとえば、商品のアイテム数が多い場合、棚の数も多くなり、ピッキングのために移動しなければならない距離も伸びる。ひとつのオーダーごとに棚の端から端まで歩くのは効率が悪い。そこで、WMSで何人か分のオーダーをまとめてピッキングし、その後、もう一度ひとつひとつのオーダーに分けて梱包する。2段階に分けてピッキングすることにより効率を高めるのがバッチピッキングだ。

《単品通販の作業手順

バッチピッキングは商品アイテムが多い場合だけでなく、逆にアイテムが少なく、棚入れが不要な場合にも用いられる。

健康食品や化粧品は、単品通販とかリピート通販と呼ばれ、商品アイテムは限られる。ピッキングも棚へ一個一個取りに行く必要はない。こういう場合、2個注文、3個注文といった同じ数量のオーダーをWMSでいくつかまとめ、それに合った商品数を用意し、そこから2個ずつ、3個ずつ取り出して梱包するのである。

たとえば、メーカーから納品された箱ひとつに12個×4段＝48個の商品が入っており、割引でお得な2個セットのオーダーが多いとする。この場合、48個入りの箱とともに、2個セットを注文してきた顧客を順に24人分ずつまとめ、24人分の作業指示書、送り状、納品明細書を一人の作業担当者に対して発行する。作業者はこれをもとに作業台で、箱から商品を2つ取り出し、送り状と納品明細書、さらには挨拶状などの同梱物を発送用の箱に詰め替える。

こういうやり方をすれば、作業台の横には48個の商品、作業台の上には24人分の納品明細書、送り状、作業指示書、同梱物があり、24人分の注文をすべて箱詰めした後、作業台のまわりはすべてクリアになっているはずだ。もし、作業台の上に商品が1点余っていればどこかで入れ忘れたということがすぐ分かり、24人分をチェックすれば入れ忘れた箱を発見できる。24人毎にリカバリーすることができるため、バーコード検品しなくても正確に出荷ができる。

これは冷凍食品のピッキングにも応用できる。冷凍倉庫内はマイナス20℃といった環境であり、長時間のピッキングはできない。そのためオーダー数を区切ってバッチ・ピッキングし、冷凍庫の外で検品梱包をし、また冷凍庫に保管、次のバッチのピッキングをし……という作業を繰り返すことで、人間が凍らず、また商品が溶けずに正確な出荷ができるという訳だ。

ピッキング方式の検討

ピッキング方式の組み立て方は、

①商品アイテム数
②1オーダー当たりの注文点数
③1日の平均出荷件数

④リピート系かロングテール系か
⑤商品サイズ

といった要素を詳細に検討したうえで、最適な方式を決めなければならない。「たまたま見学した倉庫の方式がかっこ良かったから」というような安易な発想は決してしてはいけないのである。

5. 梱包

伝票のずれによるミス

ピッキングした商品は、専用の箱や袋に入れて梱包する。その際、納品書、請求書のほか各種カタログや手紙などのプロモーション資材を同梱する。単品通販（リピート通販）では、顧客に応じて同梱物を変えることが当たり前に行われており、梱包作業の重要な目的のひとつだ。

作業の手順としては、作業指示書を見ながら商品を入れるとともに、納品明細書を同梱し、送り状を箱に貼り付ける。

ところが、作業指示書と納品明細書に対し、送り状がズレることがある。上からそれぞれ順番に並べて、1枚ずつ取っていくやり方をしていると、買い上げ点数が多いとき、作業指示書と納品書が2枚にわたる。それに気づかず1枚ずつ別々に梱包すると、そこから後ろが全部ズレていってしまう。また、顧客の名前や住所を見ながらセットすると、同姓の人が続いているときなどに勘違いが起こりやすい。

こうしたミスを防ぐため、伝票にはすべて連番を付ける。作業指示書、納品明細書、送り状のすべてに同じ連番が付いており、番号で照合するのだ。

《《リスク管理と「5S」

梱包でもうひとつ重要なのが、異物の混入を防ぐことである。たとえば、倉庫内で業務中に使用する鉛筆やカッターが万が一、発送用の箱に混入すると重度クレームに発展する。

これを防ぐためにスクロールで行っているのが「**5S**」の徹底である。「5S」とは「**整理**」「**整頓**」「**清潔**」「**掃除**」「**躾**」のことだ。倉庫内を常に整理、整頓して清潔に保ち、掃除を徹底するのである。

具体的には、

①作業場内への私物の持込み禁止

②作業で使う鉛筆やカッターの管理の徹底（誰が使っているか、戻し方の確認）

③毛髪の混入防止（ヘアネット着用の徹底）

④伝票は常にセット（作業指示書、納品書、送り状への同一連番付与）

⑤個人情報を扱う事務室への入退室者の制限と記録の徹底

などがある。

これらは、受注数の変動によってアルバイトや派遣社員が加わった際、いかにミスを少なく安定した作業ができるかにも通じる。

整理・整頓をなぜしなければいけないかを、全作業員に浸透させている倉庫は数えるほどしかない。作業が終了した後、整理・整頓がなされているかを確認すればすぐに分かる。作業開始前と同じところに同じものが配置されているか。ゴミ箱の中はすべて空になっているか。それを責任者が一目で確認できるようになっているか。

整理・整頓ができていれば、異常があった場合、一目で発見できる。机に商品が1点残っていても、乱雑なままで作業終了したら発見できないのである。

整理・整頓は異常を発見するためのもので、物流品質を上げるためには徹底してやらなければならない。

「躾」について補足しておこう。

物流作業をこなしていくのは最後は人である。スタッフ全員がきちんと整理・整頓できるようになるためには、普段からその重要性を言い続けなくてはならない。人材教育は物流の現場でも非常に重要なテーマである。

当社の提携先である倉庫会社の責任者は、**「前工程に感謝、後工程に思いやり」**ということをスタッフにいつも言っている。

商品を棚入れするとき、ピッキングという次の工程を意識して並べ方に気を付けると、ピッキングがしやすくなる。ピッキングしてきた商品をカゴに入れ検品に回す際も、丁寧に重ねてあれば気持ちよく作業に入れる。物流は現場での作業の流れが密接につながっている。ほんのちょっとしたことだが、こうした感謝と思いやりのネットワークができれば、ミスが少なく効率のよい物流業務が可能になるのだ。

逆に、商品が乱雑に置かれ、どこに何があるのか分かりにくかったり、備品があちこちに散らばっていたりする倉庫はミスが多く、効率も悪いはずだ。

物流はモノを扱い、現場での各種業務が密接につながっている。本来、見て分かりやすいし、品質管理もやりやすいはずである。

6. 発送

宅配キャリアの選択

当社では、エリア別、商品サイズ別のデータをもとに、宅配料金のシミュレーションを行い、配送キャリア別のコストを算出している。

たとえば、女性向けの化粧品や健康食品は、サービス品質の良いキャリアを使うほうがよいが、男性向け商品であれば、コストを重視して選ぶのも一案である。時間指定に強いキャリア、転居後でもＤＭの配達率の高いキャリアなどもある。

「桶の理論」から言っても、物流の最後を担う配送キャリアの選択は重要である。宅配料金の値上げを含め、常に検討が欠かせない。

追跡情報（hp）	リードタイム ※浜松出荷の場合	転居時の対応 （転送サービス）	損害賠償額
https://trackings.post.japanpost.jp/services/srv/search/input	2日以上：沖縄 2日：北海道 1日：その他	郵便局に転居届を出せば転送可能 簡単に転居届ができる （転居届の浸透率が高い）	30万円まで ※セキュリティ扱い（手数料:@360円）とした場合原則50万円迄の実損額を賠償
http://toi.kuronekoyamato.co.jp/cgi-bin/tneko	3日以上: 北海道、沖縄 2日: 青森、山形、秋田、岩手、宮城、岡山、広島、鳥取、島根、山口、徳島、香川、愛媛、高知、福岡、大分、長崎、佐賀、熊本、宮崎、鹿児島 1日:その他	クロネコメンバーズへ登録し、転送サービスの申し込みをすれば無料で可能 転送可能だが、サービスの浸透率は高くない	30万円まで
http://k2k.sagawa-exp.co.jp/p/sagawa/web/okurijoinput.jsp	3日以上: 北海道、沖縄 2日: 青森、山形、秋田、岩手、宮城、福島、岡山、広島、鳥取、島根、山口、徳島、香川、愛媛、高知、福岡、大分、長崎、佐賀、熊本、宮崎、鹿児島 1日:その他	不可	30万円まで

図表26　配送キャリア別サービスレベル比較表

	拠点数	対応重量	着日指定	時間指定	長期不在対応	再配達
日本郵便	約24,000局	重量30kg以下	配達予定日起算10日以内	午前中 12時頃〜14時頃 14時頃〜16時頃 16時頃〜18時頃 18時頃〜20時頃 20時頃〜21時頃	・配達日の翌日から起算して7日間保管 荷主様に連絡しプラス3日間保管 (通常10日間の保管(元払い代引きともに)) ・荷受人からの事前の届出により、最大30日迄保管可能	・18〜19時頃迄の連絡なら、21時頃迄に配達可能。※各郵便局により事情が異なる ・インターネットでの再配達依頼可能 ドライバーの携帯番号の記載なし 郵便局によっては再配達受付時間が15時までの局もある
ヤマト運輸	6,330店	重量25kg以下	最大1週間先まで	午前中 12時頃〜14時頃 14時頃〜16時頃 16時頃〜18時頃 18時頃〜20時頃 20時頃〜21時頃	7日間保管。 ⇒荷受人からの申し出により+3日間程度の保管可能 ※ただし、代引きは7日迄	19時40分迄なら当日の21時迄の配達可能。 電話、ネット(クロネコメンバーズ)による再配依頼可能 ドライバーの携帯番号の記載あり 3社の中では最も遅い時間まで再配達を受け付けている
佐川急便	440店	重量50kg以下	集荷から1週間以内	午前中 12時頃〜14時頃 14時頃〜16時頃 16時頃〜18時頃 18時頃〜20時頃／19時頃〜20時頃／18時頃〜21時頃 夜間は上記どちらでも選択できる	7日間保管 ⇒荷受人からの申し出により+1週間保管可能 ※ただし、代引きは7日迄	18時迄の連絡なら、当日の21時頃迄の配達可能。インターネットでの再配達依頼が可能 ドライバーの携帯番号の記載あり

※2014年3月時点のデータより編集

7. 商材別ウェアハウジングの注意点

本章の最後に、ウェアハウジングにおける注意点を商材別に整理しておこう。

健康食品・化粧品

健康食品を扱うネット通販企業は共通して顧客リピートを重視する傾向がある。パンフレット、挨拶状、割引券などプロモーション用の同梱物のバリエーションが豊富なので、これらをミスなく処理する「**同梱物制御**」ができることは必須である。同梱物の種類の少ないうちは同梱物毎にバッチを編成し、同じ同梱物の作業で固めることで、他の同梱物の投入ミスを防ぐことができる。

ただし、同梱物の種類が増えるとバッチ編成の種類が多くなるとともに、ひとつひとつのバッチの件数は少なくなり、効率が悪くなる。当社の例でいうと売上100億円クラスの健康食品通販企業の同梱物パターンが100パターンとなり、効率が悪化した。

この場合は同じ同梱物で作業するパターンでは「1バッチ最低○○件以上」と下限を決め、それ以外のパターンは同梱物をピッキングするほうが効率は良くなる。

健康食品や化粧品を入れる倉庫の条件としては、「温度管理」と保管在庫の「キャパシティ」も重要だ。

温度管理は品質に直結する。特に、真夏でも倉庫の温度を一定にできる設備が必要不可欠である。

キャパシティでは、健康食品や化粧品はひとつひとつはさほど大きくないが、製造ロットが大きいため一度に大量の入荷がある場合が多く、パレット単位で保管できる棚が必要となる。

そこで当社では、3段積み、4段積みといった効率の良いラックでの保管をお勧めしている。さらに、通常のラックの2倍の量を保管できる電動式の移動棚を導入するケースもある（図表27）。

なお、在庫量が多くなればなるほど、製造年月日の古い順に出荷をコントロールできるWMSが必要である。

図表27　パレット保管をしている移動倉庫

各棚は電動でスライドするようになっており、商品を出し入れしたい棚のところだけスペースを広げ、フォークリフトで作業を行う。

アパレル

アパレルは、デザイン、サイズを含めると商品アイテムとSKUが多い。そのため、アパレルのウェアハウジングで注意すべきなのは、商品の外装上に商品を識別するラベル（できればバーコード入り）を貼った状態で入荷可能かどうかという点である。

なぜなら、目視では「SとMとL」「濃紺と黒」「クロップド丈とサブリナ丈」などSKU単位の識別が難しいからだ。外観で識別の難しい商品を袋を開けてタグを探すことになると入荷効率は大幅に低下する。外装（ビニール袋）上に商品ラベルをサプライヤーに貼ってもらってから納品させることが重要だ。

なお、アパレルの納品形態には袋入りのほかハンガーもあるが、ハンガー保管が多いと保管効率やピッキング効率は悪くなる。

また、店頭では商品は袋から出した状態で展示するため、リアル店舗在庫とネット通販在庫を1カ所で管理する場合は、どちらの出庫が多いかで在庫の管理方法を選択する必要がある。

《食品

食品のウェアハウジングでは、衛生的な倉庫、温度管理、賞味期限管理の3点がポイントである。

①衛生的な倉庫

衛生面では、作業前に必ず手洗いをすることはもちろん、エアーシャワーを通っての入場、さらに食品加工免許を持っている倉庫が理想である。

②温度管理

常温・定温・冷蔵・冷凍といった温度管理ができる倉庫が必要である。

常温は温度を一定に保たなくてもいい商品向け、定温は冷蔵ではないが夏も冬も温度を一定幅に保つ必要のある商品向けである。

冷蔵商品のワインでは、白は10℃、赤は15℃と最適な保管温度は微妙に異なるが、それぞれを別々に保管するのも困難なため13℃であればほぼ問題はない。

しかし、「ワインを適温で保管しています」と謳っているネット通販企業の倉庫は通常、エアコンで温度調整している。エアコンは20℃までしか冷やすことはできないので、それを「適温で保管」というのはいかがなものかと思う。

冷凍は商品によってマイナス20℃、マイナス30℃などと適温が違うので部屋別に温度帯を設定できる設備が必要となる。

③賞味期限管理

実際には、「出荷期限」で管理する。賞味期限の何日前まで出荷ができるかを設定し、入荷時に賞味期限と出荷期限を登録しておく。

賞味期限管理はＷＭＳでコントロールする場合と、棚の表示でコントロールする場合がある。

ＷＭＳで管理する場合は商品入荷時にロット単位で賞味期限を登録し、先入れ先出しで在庫引当をしていく。この場合、同じ商品でも複数個所にロケーションが設定されるため倉庫の坪数は増加する。

棚に表示する方法は、１カ所の棚に出荷期限の違うものを保管する方法のため、倉庫の坪数は増加しないが、ピッキング時に注意が必要で、熟練した作業員が前提となる。

どちらも先入れ先出しが基本だが、１オーダー中に賞味期限の違う商品を入れるのはク

図表28　賞味期限の表示付きの棚

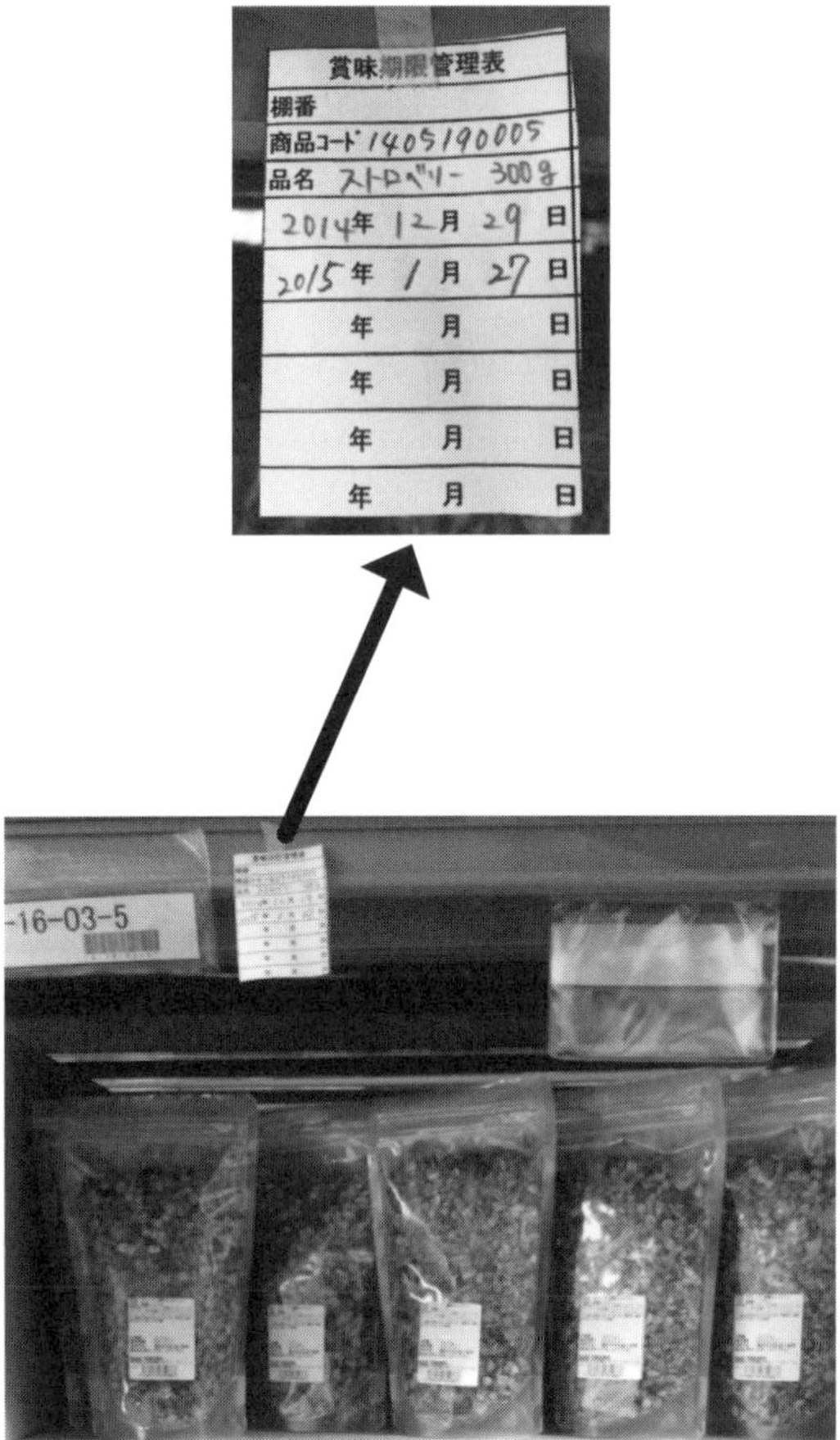

レームを発生させるので、その場合は賞味期限を揃えて出荷する必要がある。当社ではそれを「**面揃え**」と呼んでいる。

《雑貨

非常に商品のSKU数が多いためバーコードによる検品が必須である。大きさもバラバラなため、商品サイズ別の棚割とロケーション設計が重要である。

当社の場合、棚を区切るダンボールのサイズを緻密に計算し、商品サイズ別のロケーション設計をすることにより、保管効率を高めている。

また、ギフト対応をしているケースが多いため、包装・のし加工の熟練した作業者が必要となる。

効率で大きく差がでるのは入荷検収のところである。サプライヤーからの入荷データ通りに入らないケースも多く、ネット通販企業と物流代行会社で協力して、サプライヤーへの入荷指導が徹底できるかどうかで、物流品質が決定すると言っても過言ではない。

それぞれのビジネスモデルや商品特性に応じて、最初の段階から物流の仕組みを入念に検討していただきたい。

図表29　ギフト対応

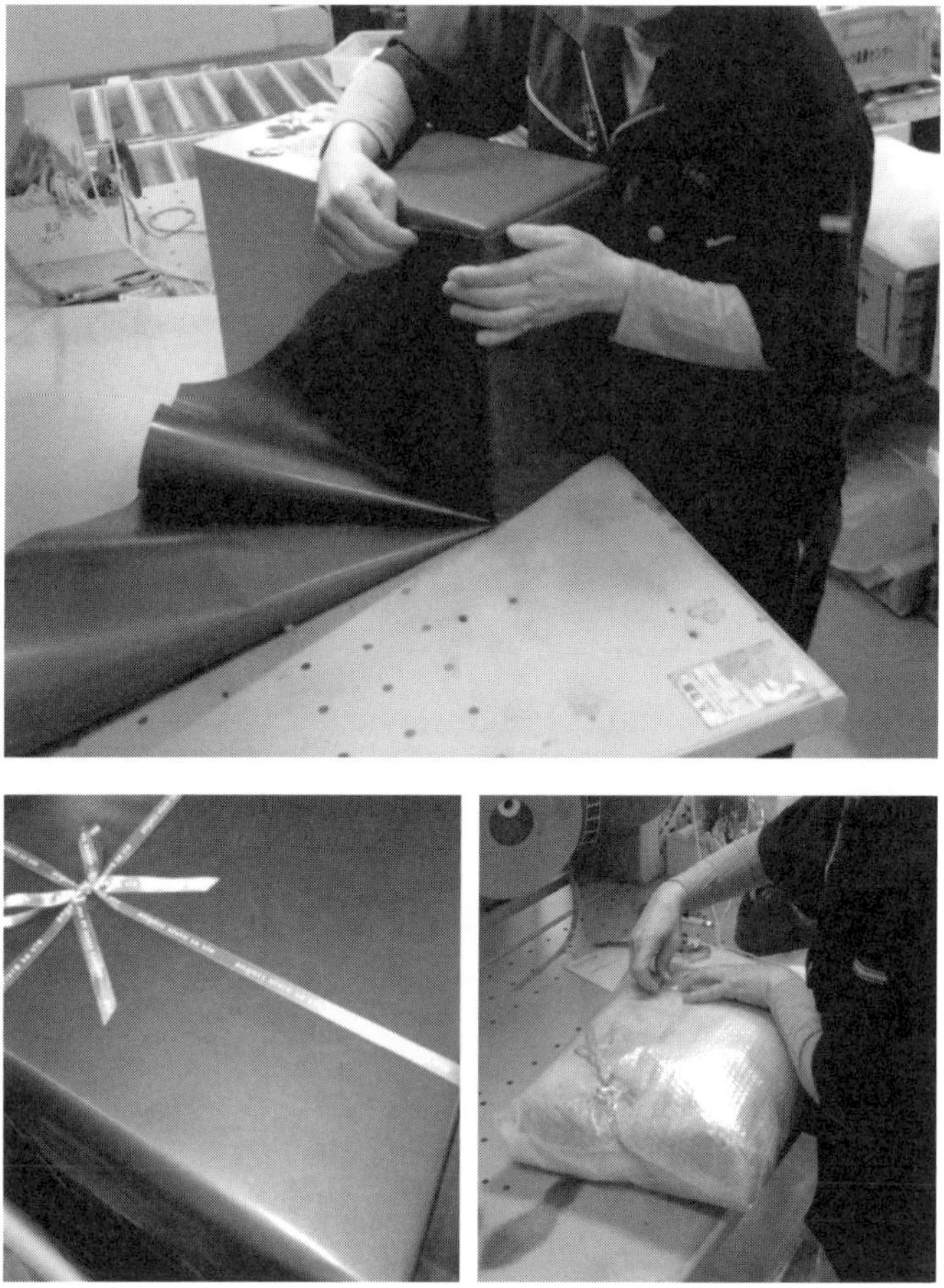

第3章のまとめ

□ネット通販の物流のうち、ウェアハウジングの流れは「入荷系」と「出荷系」に分けられる。

□「入荷系」では検収が問題になりやすい。棚入れではピッキングのしやすさを考えた棚入れがポイントである。

□ミスが少なく効率的な物流業務の実現のためには、倉庫管理システム（WMS）が鍵を握っている。

□物流業務のリスク管理には「5S」の徹底が欠かせない。

□商材別に物流のポイントは違ってくる。取扱商品に適したウェアハウジングのやり方を組み立てることが重要。

第４章

物流ＫＰＩによる経営の「見える化」

1. 人気ショップがなぜ急に倒産するのか？

《売上しか見ていないのが原因

大手の仮想モールでたびたび表彰されるような人気ショップが急に倒産したり、吸収合併されたりするケースがある。

その多くは、経営数値の管理が不十分なことが原因だ。特に「売上」しか気にせず、「損益」が把握できていないのである。丼勘定でプロモーションなどのコストばかりかさみ、そのうち受注の集中などで業務がストップ。信用は失墜し、受注急減で資金繰りがショートする。

年商規模が5000万～1億円の「育成期」にあるショップが特に苦労している。経営の基礎固めをきちんと行わないと次の成長は極めて厳しい。

「成長期」（年商1億～5億円）を経て「安定期」（年商5億～10億円）に入ったショップも、行き当たりばったりで売上ばかり追求する経営では衰退に向かいかねない。まさに「セミの一生」である。

そうではなく、息の長い成長を目指し、売上の伸びに応じたアウトソーシングの活用などで、経営体質の改善と強化を図るべきだ。

売上についていえば、仮想モールや自社サイトでの受注金額をそのまま鵜呑みにしていては危ない。キャンセルや返品が一定の比率で発生するし、仮想モールのプロモーションコストは2ヵ月後にしか判明しない。

必要なのは月次決算だ。当月の正確な売上(キャンセル、返品分を含む)、当月の仕入コスト、販促費を算出し把握する。

ネット通販の経営は、そこから始まる。

《物流KPIで経営改善を

ネット通販には、「フルフィルメント」の重要性など通常の小売業とは異なる特徴がある。物流現場での作業にも商品ジャンルやビジネスモデルに応じた工夫と配慮が必要だ。

このことは逆に、**ネット通販の物流には経営上のヒントが数多く秘められている**ことを意味する。物流における各種データや数値を活用することで、ネット通販事業をより成長させ、また経営体質を強化することができる。

例えば、仕入先から商品が入荷すれば資産である在庫が増え、買掛金につながる。そして、在庫はバランスシート（貸借対照表）の資産に計上される。出荷すれば売上が立って在庫が減り、売掛金につながる。しかも、ネット通販ではデータが簡単に収集・分析できるので、在庫の回転率、原価率、商品のＡＢＣ分析などその気になればすぐできる。

当社でも、物流業務を受託しているクライアント企業に対して様々なデータを提供している。それを見れば、売れ筋商品はどれかといったことだけでなく、利益に貢献している商品はどれか、死に筋在庫はどれか、業界の平均と比べるとどれくらいのレベルか、といったことが簡単にわかる。

これらのデータを我々は「**物流ＫＰＩ**」と呼んでいる。各クライアントにはそれぞれの商品在庫などのデータを毎日送っているほか、物流倉庫内で同種の商品や似たような物流業務ごとの比較も行っている。

たとえば、あるショップでのピッキングは1時間あたり標準的な作業者で平均10オーダー分できるのに、似たような商品を扱っている別のショップでは1時間あたり5オーダーしか処理できないとしたら、なにか問題があるはずだ。そこに改善の鍵がある。

「物流ＫＰＩ」は在庫管理だけではなく、商品の発注や在庫処分まで様々な場面で活用できる。物流の現場で起こっていることから、経営の状況がわかるのである。ネット通販企業の優秀な経営者ほどしょっちゅう倉庫へ足を運ぶ。自社の在庫がどうなっているのか確認するためだ。

ＰＣの画面上で商品在庫が50点あることは分かっても、それが実際にどのような状態で、どれくらいのスペースをとっているのかは現場に立たないと分からない。本当に適切な在庫量とはどれくらいなのか、在庫をどのように管理すればいいのか、考えるきっかけになるのだ。

物流の現場は、お客様の情報（出荷データ）、販売する商品（商品マスタと現物）がすべて集まっている重要なプラットフォームだということを理解していただきたい。

2. 代表的な物流KPIとは？

月次決算には、在庫の正確な把握が欠かせない。倉庫での在庫管理や出荷作業には、経営判断の参考になるデータが豊富にそろっている。売れ筋商品の欠品防止、死に筋商品の早めの見切り処分セールなどは、物流段階のデータで判断するべきである。

代表的な「物流ＫＰＩ」を紹介する。

残在庫率【（月初在庫数－月末在庫数）÷月初在庫数】

ＳＫＵ別の月初の在庫数に対する月末減少数の割合が「残在庫率」だ。

この数値が低ければ在庫の減少が少なく、動きがないことを意味する。残在庫率の低い順に並べた商品リストを見れば、早めに見切り処分すべき商品はどれか、まとめて転売する商品はどれか、早めに気づくことができる。

動きの少ない死に筋商品が多ければ倉庫代などの費用がかさむ一方、売上には結びつかない。ＲＯＡ（総資産利益率）の低下に直結する。

当社では残存庫率をもとにした「滞留在庫リスト」をクライアントに提供している。特に過去３ヵ月間商品に動きのないリストは不良在庫の把握・処分に役立つ。

たとえば、図表30では過去３ヵ月間で動きのなかった商品のアイテム数と点数を、前月との対比で比較できるＫＰＩ資料となっている。

表を見ると前回よりも大幅に不良在庫が削減されていることが判る。前回の滞留在庫リストから、処分販売を進めたからだ。不良在庫の増減を把握し、早め早めに手を打つこと

図表30　滞留在庫推移（過去3ヵ月動きのない商品の集計表）

在庫数量	前回8／1～11／30		今回9／1～12／31		残在庫率	
	アイテム数	点数	アイテム数	点数	アイテム数	点数
100～	4	590	1	123	25%	21%
50～100	8	565	4	280	50%	50%
10～50	228	5,039	120	3,478	53%	69%
10未満	722	2,277	0	0	0%	0%
合計	962	8,471	125	3,881	13%	46%

図表31　滞留在庫リスト

商品コード	商品名	在庫数	消費期限有無
100012	ナチュラルブラシ	160	×
100008	しろくまシャンプー	154	×
100006	昆布茶	107	○
100014	ブレスレット・ブルー	107	×
100017	ビューティクリーム	88	×
100018	ブレスレット・ピンク	87	×
100002	クールバンダナ	84	×
100004	ミラクルアイス	80	×
100009	ウーロン茶	74	○
100011	ブレスレット・イエロー	71	×
100001	エスカルゴ・シャンプー	66	×
	…		
	…		

で、バランスシート（貸借対照表）の改善ができる。不良在庫は早期発見を心がけることである。

滞留在庫の倉庫コスト

ネット通販の商品担当者にありがちなのは、滞留在庫を置いておくだけで倉庫コストがかさむということを理解していないことだ。もしくは、理解はしているが、数値データとして出ないため忘れがちだ。

現状の倉庫コストを月末の総点数で割って1点あたりのコストを算出し、滞留日数と数量を掛け合わせるとKPI資料となる。

ここではある企業の商品別滞留日数と数量で算出したデータを見てみよう（図表32）。

図表32　1点当たり倉庫コストの例

商品名	最終出庫日	滞留日数	現在庫数	倉庫コスト
A	2013/11/13	330	30	23,760
B	2013/10/15	359	30	25,848
C	2014/6/16	115	20	5,520
D	2013/10/25	349	20	16,752
E	2014/5/2	160	17	6,528
F	2014/4/18	174	14	5,846
G	2014/6/27	104	13	3,245
H	2014/5/30	132	11	3,485
I	2014/6/16	115	10	2,760
J	2014/5/19	143	10	3,432
	1点あたり倉庫コスト		2.4	

この企業の2014年9月末の倉庫料を在庫点数で割り、更に1日あたりの倉庫料を算出するために30日で割り返すと2・4円、つまり商品は1日倉庫にあるだけで2・4円のコストを発生させているということになる。

そして、2・4円に滞留日数と現在庫数をかけると、商品別の倉庫コストが算出できる。この企業の場合、A商品は昨年11月から出庫が無く（売上が無く）330日倉庫に眠っていたために、2万3760円のコストがかかっていることになる。わずか30点でも、長期に滞留するとコストがかかるということを理解して欲しい。

第5章において紹介する小島屋は、ナッツとドライフルーツの専門ショップであるが、賞味期限のある300アイテムの商品を1ヵ月以内の回転で廻しており、賞味期限切れで廃棄処分をしたことは一度もない。

商品を売ることばかりにとらわれ、在庫の存在を忘れることで、ネット通販企業の経営が悪化するということを肝に銘じて欲しい。

1出荷あたり物流コスト【（ウェアハウジングコスト＋輸配送費＋資材費）÷出荷個数】

これは、倉庫での各種業務にかかるウェアハウジングコストに輸配送費（宅配便コスト）、資材費（箱や緩衝材など）を加えた合計を出荷個数で割ったものだ。物流にかかる正確なコストを把握するために重要な数値となる。

1出荷あたり物流コストが上がったときに、なぜ上がったかを把握する必要がある。作業費で上がったのか、配送運賃で上がったのか、事務管理コストで上がったのかで、それぞれコスト改善の処方箋は違ってくる。

商品戦略を変更し売上が上がったと喜んでいたら、その商品が大型商品で物流コストが上がり利益は増えなかった、というケースもある。

図表33は項目別物流コストの月別推移だが、5月の物流コストが跳ね上がっている（❶）。原因を分析すると、作業費・配送コストが上がっているのが判る（❷）。

さらに作業費を分解すると、入荷・棚入れでコストが上がっている（❸）。5月の入荷商品・出荷商品が物流効率を悪化させているという仮説のもと、5月に入荷した商品・出荷が多かった商品を分析すれば、コストアップ要因が判明するはずだ。

このケースでは、大型の商品がたくさん入荷しワンサイズ上の配送運賃比率が高まったため、コストアップとなっていた。また、作業費のうち入荷・棚入れのコストも増えていた。

しかし、大型商品の粗利はそれ以上にあったため、経営的には問題がなかったというこ

図表33　項目別物流コストの月別推移

	物流コスト(円)	件数(件)	1出荷あたりコスト（円）				
			事務・保管	作業費	配送コスト	資材	計
4月	3,495,000	5,000	94	227	357	21	699
5月	4,530,000	6,000	96	❷242	397	20	❶755
6月	2,812,000	4,000	94	232	358	19	703
7月	…	…	…	…	…	…	…

↓

	作業費の分解（円）				
	入荷・棚入れ	ピッキング	梱包	伝票・その他	計
4月	37	28	108	54	227
5月	❸48	29	110	55	242
6月	36	28	115	53	232
7月	…	…	…	…	…

図表34　エリア別人口比率

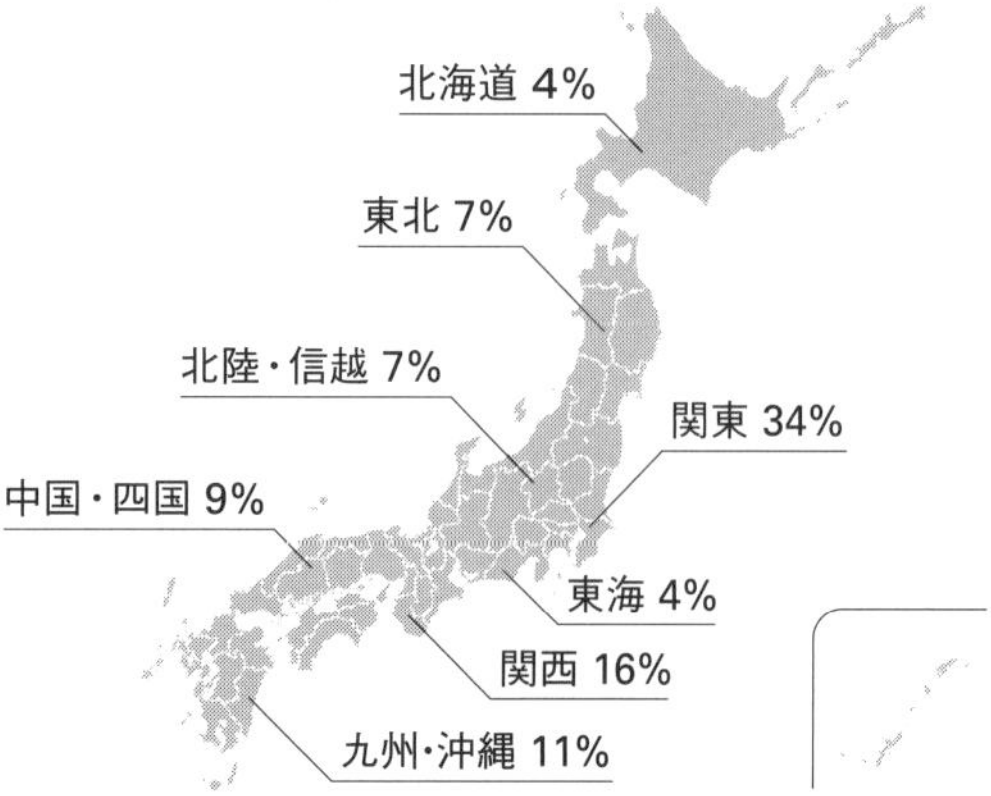

出典：総務省「住民基本台帳に基づく人口、人口動態及び世帯数」
（平成25年3月31日現在）

とが数値によって確認できた。

《エリア別出荷件数比率
【エリア別出荷件数÷総出荷件数】

ネット通販の物流コストの約半分は、配送コストで占められている。これを見直す場合、必要になってくるのがエリア別出荷件数だ。

以前は「全国一律○○○円」で受託していた配送キャリアもあったが、全国的に見直しが進んでおり、正確な配送運賃を算出するにはエリア別サイズ別の出荷件数が欠かせない。

経験上、ネット通販企業のエリア別出荷件数比率は、日本の人口分布とほぼ同じである。若干、大都市圏の比率があがると考えれば良い。

ただし、B2Bの場合や、リアル店舗の出店エリアなどの影響がある場合、人口比率通りにならないことがあるので注意が必要だ。

また、エリア別配送運賃の徹底で、北海道や九州から出荷しているネット通販企業は大幅なコストアップになりやすい。その場合はエリア別サイズ別出荷件数を元に、関東から関西の間にある物流会社に見積もりを依頼し、出荷場の移転によるコストダウンを図るとよい。

品切れ率・返品率【品切金額÷受注金額・返品金額÷受注金額】

第1章でも述べたが、モール出店の中小事業者にありがちなのが、モールからの注文金額を月次の売上に使っているケースである。ネット通販には品切れと返品がつきもののため、実際には注文金額よりも売上金額の方が下がる。

また、アパレル商材、特にスーツ・ボトムスなどは返品率が高いため、あらかじめその分を加味して損益プランを作らないと、大変なことになる。

スクロールのカタログ販売の経験では、アパレルは平均で10%前後の返品がある。ジーンズやスーツはそれよりも高く、Tシャツやトレーナーなどはそれよりも低い。継続して捉えることにより、率が高まった時には原因を特定し、対策を打ちやすくなる。

毎月の受注金額で品切金額、返品金額を割ったものが、品切率・返品率となる。

《1出荷当たり点数【出荷点数÷オーダー件数】

これは物流作業の効率をチェックするために必要な数値である。一般的に、1オーダー当たりの点数が多いほど、ピッキング効率は上がる傾向にある。

図表35は当社が出荷しているネット通販企業の実績数値である。同じ健康食品でも

図表35　ジャンル別1出荷当たりの点数例（点）

		5月	6月	7月	8月
B2C	A社（健康食品）	2.0	1.9	2.1	1.8
	B社（家庭雑貨）	2.3	2.2	2.2	2.2
	C社（スポーツ用品）	2.2	2.2	2.3	2.3
	D社（子供服）	2.8	2.6	2.8	3.0
	E社（高級時計）	1.1	1.0	1.1	1.1
B2B	F社（健康食品）	6.2	5.5	6.8	6.5
	G社（家庭雑貨）	8.0	5.5	7.8	7.5

B2CとB2Bでは大きく点数が違っている。家庭雑貨でも大きな差異が出ている。

ネット通販を経営していく上では、できるだけ1出荷当たりの点数を増やしたほうが、利益が増えるため、クロスセルや追加注文を促すプロモーション策を上手に取り入れる必要がある。

3. 物流KPIでの経営改善法

損益計算書の作成から

物流KPIを活用することで、どのように経営改善を行うのか。

まず、個人事業者が立ち上げるショップの場合、ゼロからのスタートであり、商品を揃え、売上数字をつくることが課題だ。サイトのつくりこみやSEO※対策、各種プロモーションに時間を割く必要がある。その分、損益管理がおろそかになりやすい。出店している

※SEO…Search Engine Optimizationの略。特定の単語における検索結果で自社サイトが上位に表示されるようウェブページを書き換えること。

仮想モールの販促企画に勧められるまま参加していると、売上は伸びても販促費がかさんで赤字になったりする。

日ごろから損益管理をしっかり行いたい。在庫の数値は毎日チェックすべきである。そうすれば、毎日の売上だけでなく、原価率、販促費率などを含む損益計算書がつくれるようになる。さらにキャッシュフローまで意識できれば、経営の安定性は劇的に改善する。

攻めと守りのバランス

日々の経営について損益とキャッシュフローが把握できるようになれば、次はバランスシート（貸借対照表）だ。

売上と利益を追求すると、多くの注文を集めることが優先され、在庫を多めに持つことになる。不良在庫が増えることもあるだろう。その結果、ＲＯＡ（総資産利益率）が低下してくる。そこで、資産（在庫など）と負債・資本（利益を含む）のバランスを貸借対照表でチェックするのだ。

また、**在庫回転率、在庫滞留日数をもとに売れ筋からはずれている在庫は早めに処分する。**逆に、**売れ筋商品については在庫引当率、失注率を見て在庫切れを起こさないように**

気を配る。

ABC分析での商品入れ替え

雑貨など商品アイテム数が非常に多いショップの場合、定番商品が売上の主力ではあるが、季節商品や市場の売れ筋商品なども扱わないと成長できない。

この場合、重視するのは注文から出荷までのリードタイムだ。**人気上位のABC分析を怠らず、常に商品を入れ替えていく**。上位30％の商品で欠品を起こさず、注文全体の70％にすぐ対応できれば、確実に売上は上がる。

ある程度、在庫点数は増えるが、顧客のリピート率が上がり、売上増の好循環に入っていけるだろう。

第4章のまとめ

□ 経営管理において売上しか見ていないと、人気ショップでも簡単に倒産することがある。

□ 物流KPIを常にチェックすることで、問題をいち早く発見し、経営改善につなげることができる。

□ 物流KPIにはいろいろなものがあり、取り扱い商品やビジネスモデルに応じて適宜、使い分けることが必要である。

第5章

「付加価値物流」による成功事例

1. 物流の外注化でプロモーションを強化、4年で売上2倍に

小島屋

ネット通販ビジネスにおいては、物流の付加価値化によって大きなメリットが得られる。本章では、いくつかの成功事例をご紹介したい。

貝柱ブームで順調なスタート

「小島屋」は上野のアメヤ横町に本店を構える創業60年の老舗問屋である。もともと海鮮珍味と落花生を扱っていたが、現在ではドライフルーツとナッツをメイン商品としている。ネット通販は三代目の小島靖久氏が2004年から始めた。

「きっかけは、来客数や売上げが減ってきていたことです。新しい店舗を出すには多額の資金が要りますし、取引先を広げようと思ってもうちのような小さな問屋は相手にしても

図表36　小島屋のサイト

店　舗　名：ドライフルーツとナッツの専門店　上野アメ横　小島屋
販売業者名：株式会社　小島屋
販売責任者：小島　靖久
所　在　地：〒110-0005 東京都台東区上野6丁目4-8
電 話 番 号：03-5817-4828
メールアドレス：ameyoko.kojimaya@tcn-catv.ne.jp
ホームページ：http://www.kojima-ya.com

らえない。いろいろ考えた結果、ネット通販に活路を求めることにしたのです」

当時、テレビの情報番組で「貝柱が肝臓にいい」として貝柱ブームが起こっていた。ネット通販ははじめての試みであり、楽天市場への出店は慎重に2ヵ月ほど遅らせたが、それでも注文が殺到し、スタートは順調だった。

「3〜4年は順調に売上が伸びていきました。途中で受注システムを入れ、ヤフー、アマゾンに出店。さらに本店サイトをオープンし、2013年にはポンパレにも出店しました」

成長にともない物流のアウトソーシングを決断

ネット通販をはじめた当初、1日の出荷数は多くて50件、1ヵ月で1000件ほどだった。受注から出荷まで、店頭売りや卸売りの出荷業務の合間にスタッフ1名の手伝い程度で十分間に合っていた。固定客づくりのために商品チラシやサンプルも同梱していた。

しかし、注文が増えてくると状況は一変。

「10坪しかない店内は商品で溢れかえり、人が一人通るのがやっと。チラシやサンプルを置くスペースさえない状態でした。ミスも多く、さすがになんとかしないとまずいと思い始めたのです」

当時、ネット通販の注文は1日200件、1ヵ月で4000件に達していた。注文は朝の7時に締め切り、11時にメールで返信、午後1時に自宅で家族がプリントした伝票を店に届けてもらい、スタッフ3名でピッキングと梱包開始。夕方、当日発送できる分だけを発送するという体制でなんとか処理していた。物流が成長のネックになり始めていたのである。

こうして小島氏は物流のアウトソーシングを決断。ネットショップの先輩たちが開いている勉強会に参加したり、楽天物流（当時は物流コーディネート業）に相談して紹介を受けたりして、当社にも見学に来られた。

「一度決めたら、**できるだけ長期的なパートナーとしてやっていけるところに頼みたかったので、会社の規模、経営力などを慎重にチェックしました。**倉庫を見学に行ったのは5社ほど。その中からスクロール360を選んだのです」

信頼感と柔軟性が決め手

当社を選んでいただいた理由について、小島氏は信頼感をあげる。

「多くの会社はこちらの希望や質問に対し『大丈夫です』『なんとかやります』といい顔を

しがちですが、スクロール360は『うちはこれはできるけど、これはできない』ということをはっきり言ってくれました。また、見積もりも作業費といった名目で大ざっぱに提示するのではなく、明細を分け、金額の根拠もきちんと説明してくれました。

もうひとつ、柔軟性もポイントでした。コストの安いアウトソーシング会社の中には、荷姿や商品コードなどすべて自社の仕様、注文に合わせることが条件のところや、真夏になると屋内とはいえ外気温と同じような状態になるところもありました。

それに対してスクロール360はJANコードなしで対応してくれたり、真夏でも定温をキープできる倉庫を用意してくれたりしたのです。

その後も、上得意のお客さんにちょっとしたサプライズギフトを別便で送ることにしたとき、どんな包装でどのキャリアを使ったらいいかといったきめ細かいアドバイスをしてくれました。こちらが新しくやりたいことがあったとして、3割くらい伝えると8〜9割の答えが返ってくるのがいいですね」

《余った時間でプロモーションを充実

物流をアウトソーシングした効果について、小島氏は次のように語る。

「それまで物流に割いていた時間や労力がなくなったので、その分お客様のためにプラスになることをやろうと考えました。具体的には、2～3カ月ごとに『小島屋通信』という**小冊子とオリジナルの絵はがきをつくって商品に同梱**しています。出荷用の箱に封をする**ガムテープも私の似顔絵入りのオリジナルのもの**に変えました」

『小島屋通信』は、アメ横界隈のおいしいお店やおもしろい話題を取材したりして掲載。上野だけでなく東京の下町も紹介しており、ファン獲得に効果を発揮している。

仮想モールでよくあるのは、「どこの店で買いましたか」と聞いても「楽天で買った」という答えしか返ってこないことだ。しかし、小島屋でナッツやドライフルーツを買った人は、商品が届けば小島氏の似顔絵を目にし、箱を開ければ『小島屋通信』を手に取り、小島屋を繰り返し意識する。結果的に「小島屋で買った」と記憶する確率が高くなるのだ。

単に物流をアウトソーシングするだけでなく、同時にブランドをしっかりと浸透させるこうした工夫は非常に参考になる。

「実際、うちのサイトを訪れる人は小島屋という単語で検索している割合が高いんです。やり始める前と後では、楽天の総合評価ポイントも4・58から4・71に上昇しました」。

わずか0・13ポイントのアップと思われるかもしれないが、延べ1万件以上での平均だから大変なことだ。

図表37　小島屋の各種販促ツール

<小島屋通信>

第15号

小島屋通信

東京下町の楽しみ方・ドライフルーツとナッツの楽しみ方を小島屋からご紹介♪

第15号は

広大な観光スポット

ですからその1

浅草を探訪

&

簡単クッキングは

夏向きレシピです

ドライフルーツとナッツの卸問屋

上野アメ横・小島屋

http://www.kojima-ya.com/

http://www.rakuten.co.jp/kojima-ya/

http://m.rakuten.co.jp/kojima-ya/

http://store.shopping.yahoo.co.jp/kojima-ya/

上野アメ横・小島屋

〒110-0005

TEL 03-3812-

<オリジナルガムテープ>

評価ポイントに関して小島氏は、興味深い分析も披露してくれた。

「**ネット通販の評価ポイントを書く人の多くは、注文した商品が届いて箱を開け、商品を取り出した段階で評価ポイントを書いています。**実際に食べたり使ったりしてからの人は意外に少ない。つまり、レビューを左右するのは商品が手元に届いた最初の印象なんです」

アウトソーシングした当初、月間4700件だった受注数は、プロモーションに力を入れることによって順調に増え、いまでは月間1万件に達し、リピート率も高い。

小島氏は引き続き、新しいプロモーションツールを企画したり、新しい商品の仕入先を探しに海外へも毎年のように出かけている。

今後の課題と目標

「現在の売り上げはネットが3、店舗が1の割合で相乗効果も出てきています。今後は同じスクロール360の倉庫を利用している他のショップと提携し、うちのドライフルーツを倉庫内でドロップ・シッピングする予定です。また、売れ筋商品の袋詰めや半加工・最終加工を倉庫で行い、コスト削減を図っていきたい。いわば物流の〝中食化〟です」

当社では小島氏から、物流資材の共有化についてのアイデアもいただいている。クリスマス、ハロウィン、母の日などのイベントに合わせて何種類かの段ボール、オリジナルデザインテープなどを用意し、当社を利用してもらっているショップに提供。コストを抑えながらオリジナルなプロモーションを展開できれば、というものだ。

我々としても、物流のアウトソーシングを通じ、サービスのレベルアップにつながる関係を今後も構築していきたいと考えている。

2. 物流段階で裄丈詰めまで行い、ショールームでのエンドレス・アイルに挑戦中

オジエ

ワイシャツの通販専門サイト

ワイシャツ専門のネットショップ「オジエ」を展開している柳田織物は、1924年創業のシャツメーカーである。もともとは問屋や小売店への製造卸を本業としていたが、4代目の柳田敏正氏が2002年に「オジエ」を立ち上げ、BtoCビジネスに参入した。

「当初はほとんど売れませんでしたが、『シャツを着こなす基礎知識』といったコンテンツを充実させることで次第にアクセスが伸びていきました。小ロットで多品種、5000円前後の価格設定も男性ビジネスマンのニーズにマッチし、特に2005年のクールビズ、2011年のスーパークールビズの追い風で、いまでは月間26万件のアクセスがあり、購入者の6割がリピーター。BtoBを超える売上高になっています」

出店戦略において、同社では自社ドメインを優先し、楽天市場への出店は2006年と遅かった。

現在はアマゾン、ヤフージャパンにも出店しているが、仮想モールでは注文してきたユーザー情報をプロモーションなどに利用できない。その点、自社サイトであればメールやDMなど柔軟な対応ができることを意識してのことだ。

物流アウトソーシングの経緯

スクロール360へ在庫管理と出荷業務をアウトソーシングしたのは、さらに5年後の2011年5月からであった。

「それまでは事務所兼倉庫で対応していました。出荷量が増えてきたので、2008年頃

図表38　オジエのサイト

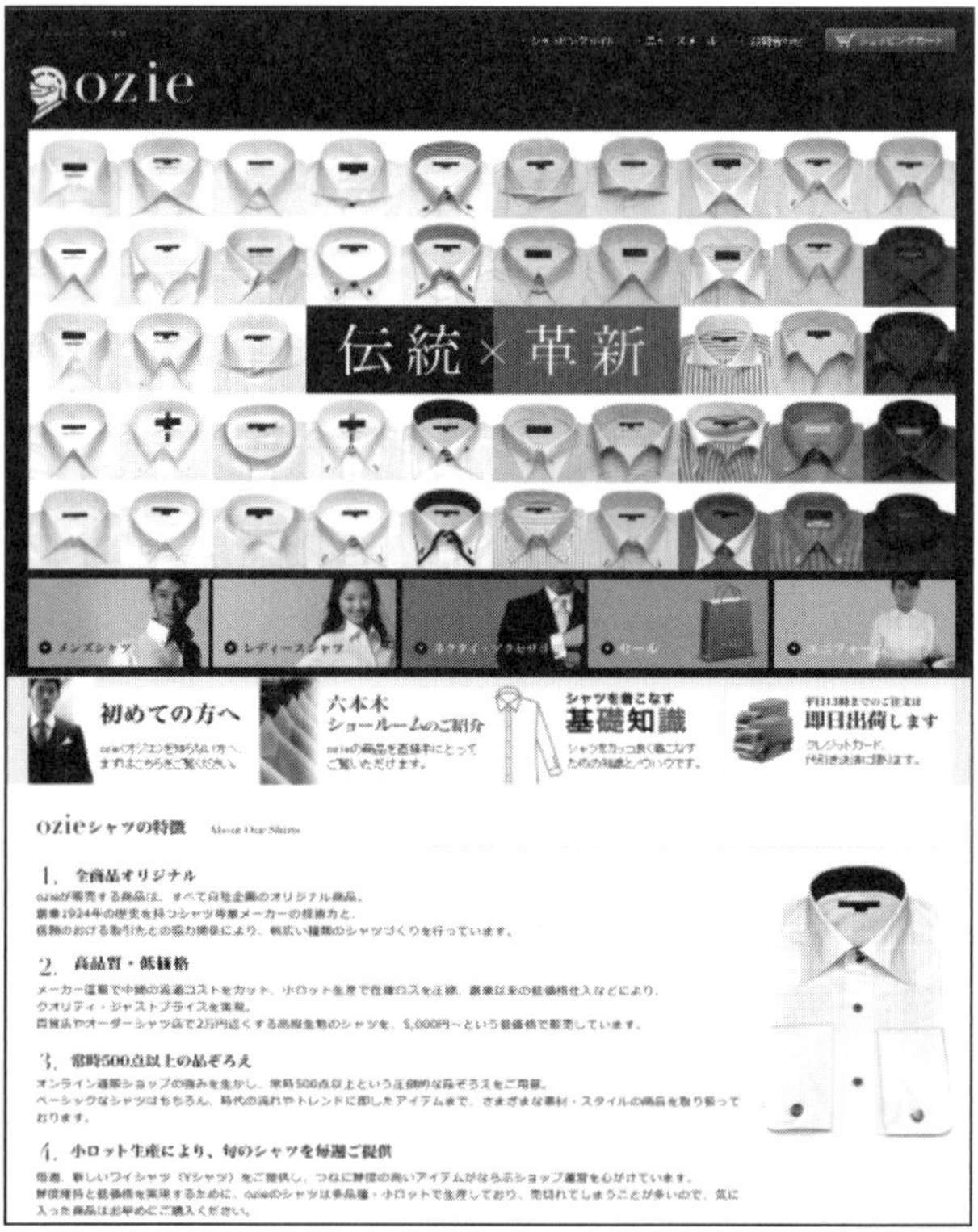

店　舗　名：ozie（オジエ）
販売業者名：株式会社　柳田織物
販売責任者：柳田　敏正
所　在　地：〒106-0032 東京都港区六本木1-7-28落合麻布台ビル801
電 話 番 号：03-6441-3912
メールアドレス：info@ozie.co.jp
ホームページ：http://www.ozie.co.jp/

から物流のアウトソーシングを考えていたのですが、当社の場合、2002年のスタート時から行っている有料の裄丈詰めがセールスポイントで、オーダー全体の1~2割にのぼります。**在庫管理や出荷だけでなく、こうした加工処理もできるところを探していた**ので、時間がかかったわけです。

その点、スクロール360は倉庫内に専用のスペースとスタッフを用意してくれ、裄丈詰めをした場合の出荷リードタイムがそれまでの1週間から2日に短縮できるというメリットも生まれました。

実は、アウトソーシングにあたっての在庫の引越しは、クールビズの繁忙期にあたる5月第2週の金曜日から日曜日を予定していました。しかもその年は、東日本大震災の影響もあり、週末に過去最高の注文数が舞い込んでいました。その出荷をスクロール360ではスタッフを多めに配置して、2時間で終らせたのには驚きました。自社でやっていたら、1日かかっても終ったかどうかわかりません」

この時の移行がスムーズに行ったのは、シャツの折りたたみサイズの幅を狭くし、棚に入れやすいようにするなど前年3月ころから入念に準備していたこともある。

アウトソーシングのメリット

アウトソーシングのメリットについて、柳田氏は次のように語る。

「**一番は商品企画など本業に集中できること**ですね。以前は毎週月曜日、週末にたまった注文をスタッフ全員で発送していましたが、その時間が不要になりました。そのためいまは毎週、新商品をサイト上で発表することができています。

また今後、**東京で繁忙期だけパートやアルバイトを集めるというのは難しくなる**ことは間違いありません。発送業務をアウトソーシングする必要はますます高まるでしょう」

サイト上では、当日午後1時までの注文は即日出荷することなど、全国のエリア別に配送日数の目安を大きく表示している。納期について曖昧なままのサイトが多い中、発送ルールを明確に定め、それを厳守することがサイトのブランド力につながっている。自社業務でやっているとついそうした点がルーズになることがあるが、アウトソーシングであればそうした心配は少ない。

新たにショールームをオープン

「オジエ」では14年3月にショールームを東京・六本木にオープンした。ビルの8階にある90㎡のスペースに、事務所兼用で設けたのだ。

これは、オンラインとリアル店舗を融合したO2O（Online to Offline）への新たな取り組みである。

「オジエ」のSKUは現在、4000から5000に達する。ネット通販ではこれを店舗なしで販売してきた。ユーザーが自分でサイズを測り注文してもらうのが基本であり、測り方はサイトで詳しく解説している。しかし、「買いたいけどサイズがわからない」という声が増えてきた。

「**ネットショッピングでの一番の不安は、サイズ感や素材感がわかりづらいこと。**そこで、商品を直接手にとって見てもらえるショールームをつくることにしたのです。

およそ500種類あるドレスシャツのうち、定番シャツと新着シャツのいずれもMサイズを揃えています。また、サイズ別のサンプルシャツを用意しているので、実際に試着してもらい、サイズ感を確認できます。そして、ネット画面でサイズを入力すれば、スクロール360の倉庫で加工して発送する仕組みになっているんです」

ビルの8階ということから分かるように、立ち寄り客は狙わず、あくまでリピーターのためのサービスという位置づけである。実際、最初の来店客は「袖の裄丈がわからない」

図表39　オジエのショールーム室内

と電話で問い合わせしてきた顧客だった。オープンは10時から17時で土日は休み。当初、1日に1人くればいいと考えていたが、いまでは1日5～6人は来店。ネットで見て、ふらっと立ち寄る人が多い。

最近、大手の小売業では「O2O」や「オムニチャネル」など、リアル店舗とネットショップをどう融合、連動させるかが注目されている。ネット通販にとっても、ネットショップからリアル店舗へどう展開していくかが問われている。「オジエ」の取り組みはまさにその先駆けのひとつといえるだろう。

「いきなり大きな店舗を出すのではなく、小規模なショールームという形態ならわが社にぴったりです。今後、大阪、福岡などにもショールームを展開し、その後、リアル店舗を検討していきたいと考えています」

「オジエ」のチャレンジは、従来の枠組みに留まらない、物流による付加価値化の好例といえる。

3.「売上仕入」から在庫型に転換し、アウトソーシングで在庫管理を徹底

スワロースポーツ

《野球用品の専門サイト

「スワロースポーツ」は、普通のスポーツ用品店から野球専門の有名ネットショップへとみごとな転身を果たしたケースである。

社長の矢野正弘氏はパソコンソフトのウィンドウズが発売された直後の1996年、別会社を設立してネット通販に乗り出した。当初はほとんど売上がなかったが地道にサイトの改良などを続け、本格的に売れるようになったのは5年ほどしてからのことだという。

売れ始めてからも基本的には自社サイトで販売し、楽天市場に出店したのは2006年と後発。それでも10年頃には、月商1000万〜1500万円にまで成長した。

「スポーツ用品業界はもともと〝売上・仕入〟のビジネスが一般的で、ネット通販でも同

図表40　スワロースポーツのサイト

販売業者名：株式会社スワロースポーツ
販売責任者：矢野正弘
所　在　地：〒176-0001 東京都練馬区練馬4-15-11
城南内田ビル5F
電話番号：03-5984-4860（電話注文は受けつけていません）
メールアドレス：swallow@4860.jp
ホームページ：http://www.4860.jp/

じやり方をしていました。注文があってから商品を仕入れるのでＣＣＣ（キャッシュ・コンバージョン・サイクル）はマイナスとなり、キャッシュフローは非常に楽なんです。でも、注文が増えるにつれ、**商品の手当てがつかないための機会損失も比例して増加**。さらに、顧客からの問い合わせやクレームにも追われるようになりました。こうしたオペレーションコストが無視できない負担になってきて、業績をさらに伸ばすには在庫管理というテーマが横たわっていることに気付いたわけです」

以前は注文に対する在庫引当率は２～３割しかなく、機会損失（失注率）は最高で33％に達していた。野球用品は春夏と秋冬の２シーズンあり、メーカーによっては先に買い付けておかないと仕入れられない商品がある。在庫金額が膨らむケースもあるが、それは仕方ない。

矢野氏はそこで、**売れ筋を中心に取り扱う商品アイテムと手持ち在庫を増やすことにした**。商品アイテムを増やすことは、スポーツ用品であれば資金的にもそれほど難しいことではないし、顧客満足度も高まるからだ。現在、取り扱いアイテムは野球用品を中心に１万５０００アイテム、11万ＳＫＵにのぼる。

ただ、手持ち在庫が増えれば出荷業務の負荷が大幅に高まる。解決策として矢野氏が選択したのが、スクロール３６０への在庫管理と出荷業務のアウトソーシングだった。これにより、発注に対する在庫引当率は80％を超えるまでになり、失注率もメーカーで差はあるが平均10・7％に低下した。

物流KPIの活用

物流のアウトソーシングと同時に矢野氏が力を入れ始めたのが、自社オリジナルの物流KPIの活用だ。

現在、活用しているのは3年前からのバージョンで、30社程度あるメーカー別に売上金額と在庫金額を主にチェックする。そして、毎月2つの金額が同水準になるようにするのが目標である。売上金額に対して在庫金額は卸価格ベースなので、在庫回転率としては年間10回程度となる。

「これはこれでうまく機能しているのですが、間もなく見直す予定です。次は粗利（売上総利益）ベースでチェックする指標にしたいと思っています。粗利は20％が目安で、在庫処分では15％といったこともあります。現状では平均29％を確保できていますので、なるべくこれをキープしたいと思っています」

このように物流をアウトソーシングし、「売上・仕入」型から「在庫」型に切り替えて以降、売上は毎年60％以上アップ。4間で3億円が約9億円に伸びた。

他のスポーツ用品ショップは依然として「売上・仕入」型が多く、注文しても在庫があるかどうか、いつ商品がつくか分からないため信頼度が低い。それに対し、スワロースポーツでは**過去の販売実績などデータをもとに事前に商品を発注して在庫を持つ**。また、**新商品についても他のショップよりいち早くサイト上に商品登録する**ことで、ユーザーの信用を獲得している。メーカー側の担当者からも新製品情報などが早く入るようになっているそうだ。

一方、**コストをかけたプロモーションはほとんど行わない。その代わり、商品登録の分類をきちんと行った上で、様々な「商品特集」をサイトに掲載**。これまでのトータルでは1190件になる。これらのページアドレスはすべて残して、SEO対策に活用している。

また、商品管理で力を入れているのは不良在庫の排除だ。1ヵ月動かない商品は基本的に安く処分するかベンダーへ戻す。商品の目利きこそが小売業の基本であり、そこに人員と時間を投入しているのだ。結果的に、メーカーへの返品率は、野球用品業界では10％超が一般的なところ、平均3・3％前後にとどまっている。

野球用品はすべて網羅的に扱うのが基本方針としつつ、仕入れはブレイクしそうなものに注目。在庫（SKU）も少しずつ試験的に販売しながら増やしていく。これも物流をア

図表41　スワロースポーツの「商品特集」の例

ウトソースしたから可能になったことだ。現在、全社売上の半分は本店サイト、楽天は30％というのもうなずける。

今後の目標

矢野氏は次のステージとして、5年後に20億円の売上を目標としている。そのため、新たな経営ビジョンやビジネスのアイデアを検討しているところだ。

たとえば、野球用品のヘビーユーザーは中学生から高校生。そのため顧客データはこれまでとっていなかったが、今後、分析してみることにしている。また、BtoBの卸サイト、学校へのアプローチ、後払いの導入などもアイデアにのぼっている。

こうした挑戦のベースとして、社員のベクトルを揃えている点も重要である。ネット通販は、少人数でざっくり売るタイプが多いが、スワロースポーツでは**企業目標から業務ルールなどまできちんと整理し、一冊のファイルにまとめて社員全員に配布。日々、朝礼などで内容を確認している。**これが事業の強い推進力になっている。

4．物流における付加価値化のポイント

３つの事例からもわかるように、ネット通販においては、物流の付加価値化によって大きなメリットが得られる。本章の最後に、「付加価値物流」の考え方について、物流品質の改善（配送日数の短縮など）、物流でのブランド構築（プロモーション）、決済方法の多様化という３つの視点から整理しておこう。

物流品質の改善

物流では、注文した商品が予定の日数以内に、確実に顧客の手元に届くことが最低限求められる。これが守られないと、大きなクレームになりやすい。

しかし、最低限の品質を守るだけでは他社との差別化にはならない。**物流の品質を改善することが「付加価値物流」の基本**となる。

たとえば、配達日数（リードタイム）の短縮や配送の目安を全国のエリア別に大きく明

示することは、「いつ届くのだろう」という顧客の潜在的な不安を払しょくする効果がある。配送キャリアを商品の特性や注文した顧客に合わせてきめ細かく使い分けることも重要だ。

物流でのブランド構築

物流をプロモーションに活用するのも、これから大きく注目される「付加価値物流」のひとつだ。

この点、先ほど紹介した小島屋のオリジナルの小冊子や絵はがきはユニークな試みで参考になる。コストや手間を掛ければいいということでもない。**ショップの心遣いが伝わるような手づくり感あふれたプロモーションのほうが、いまのデジタル時代にはむしろ新鮮**だったりする。

仮想モールで商品を購入した客に、購入店舗名を聞いてもほとんどの人が店舗名を言えない。つまり、次回同じ商品を購入するときに、店舗名で検索されず商品名で検索されるため、その時点で安いショップに流れてしまう。

仮想モールに出店しているショップの場合は特に、ショップの名前を覚えてもらい、リピート客を育てるという観点からぜひ取り組んでみてほしい。

筆者はスクロール（当時はムトウ）に入社した時に、先輩から「儲けるということは信者を作ることである」と教えてもらった。一度購入していただいたお客様に再度購入してもらうための工夫、2度購入していただいたお客様にお得意様になってもらう工夫は、ネット通販においても成功の鍵と言える。

決済方法の多様化（後払い）

決済方法の多様化も、広い意味での「付加価値物流」としてあげておきたい。

従来、ネット通販での支払方法（決済方法）は事前の銀行振り込みやカード払い、あるいは代引きが中心だった。しかし、商品が届く前に代金を支払うことに抵抗感を感じる人、ネット上でカード番号を打ち込むことに不安を感じる人、また代引きについては自宅にいなければならないという制約を嫌う人が、一定数存在する。

そういうケースでもネット通販を気軽に利用してもらうため、**後払い方式が今後は普及していくと思われる**。

中小のネット通販企業がコンビニ後払いを導入するには、注文顧客の審査や、支払いが遅れたときの督促といったノウハウが必要なため、後払いを躊躇しているケースが多いが、昨今では支払保証付きの「後払い決済サービス会社」があり、安価な手数料で後払いを導入できるようになった。たとえ顧客が支払いをしなくても、ネット通販企業へは代金が振り込まれるというサービスである。

当社では「後払い．ｃｏｍ」を提供している㈱キャッチボールを子会社として持っており、物流代行受託企業に後払い決済サービスを提供している。

実際、後払い方式を採用し、サイト上で大きく表示したところ、売上が30％アップしたという事例もある。

これからは、クレジットカードや代引きに加え「後払い決済サービス」を導入することが、ネット通販を成功に導くひとつの要件と言えるだろう。

図表42　「後払い.com」の仕組み

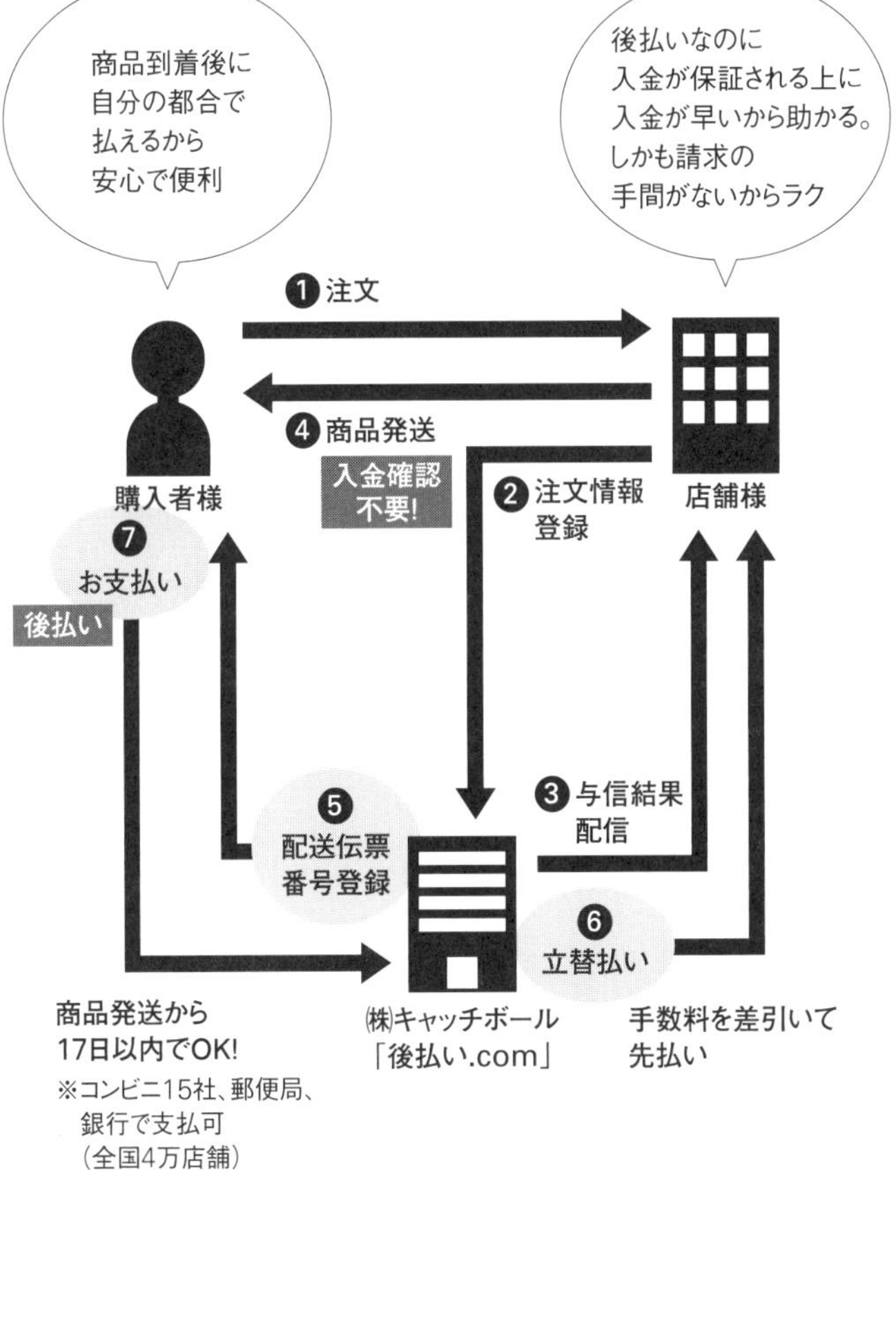

第5章のまとめ

□「付加価値物流」によって大きな成功を収めているショップがある。

□物流のアウトソーシングによる業務の品質向上と時間確保が共通したポイントとなっている。

□物流をプロモーションに活用すると大きな効果が見込める。

□付加価値物流に関連し、後払いなど決済方法の多様化も今後は注目される。

第6章

ネット通販物流のこれから

1. ネット通販市場の将来予想

4年後には20兆円超

野村総合研究所は、各種デバイスやネットワーク、プラットフォームに関する2018年までの市場予測を公表している（『ITナビゲータ2014年版』東洋経済新報社刊）。それによると、B2CのEC市場、つまり一般消費者向けのEC市場規模は、2012年度の10・2兆円から2018年度には20・8兆円へと倍増するという。

第1章の冒頭で紹介した日本通信販売協会の推計とは数値（2013年度で5兆8600億円）が倍ほど異なるが、推計の対象を通信販売事業者に限るか、広く一般企業のネット通販も含むかの違いであろう。

このように**近い将来、ネット通販はスーパーマーケット（現在、約17兆円）を超え、小売業における最大のチャネルとなる可能性が高い。**

野村総合研究所はまた、「店舗で商品を確認・試用し、ECで購入するショールーミング

図表43　ネット通販市場の将来予測

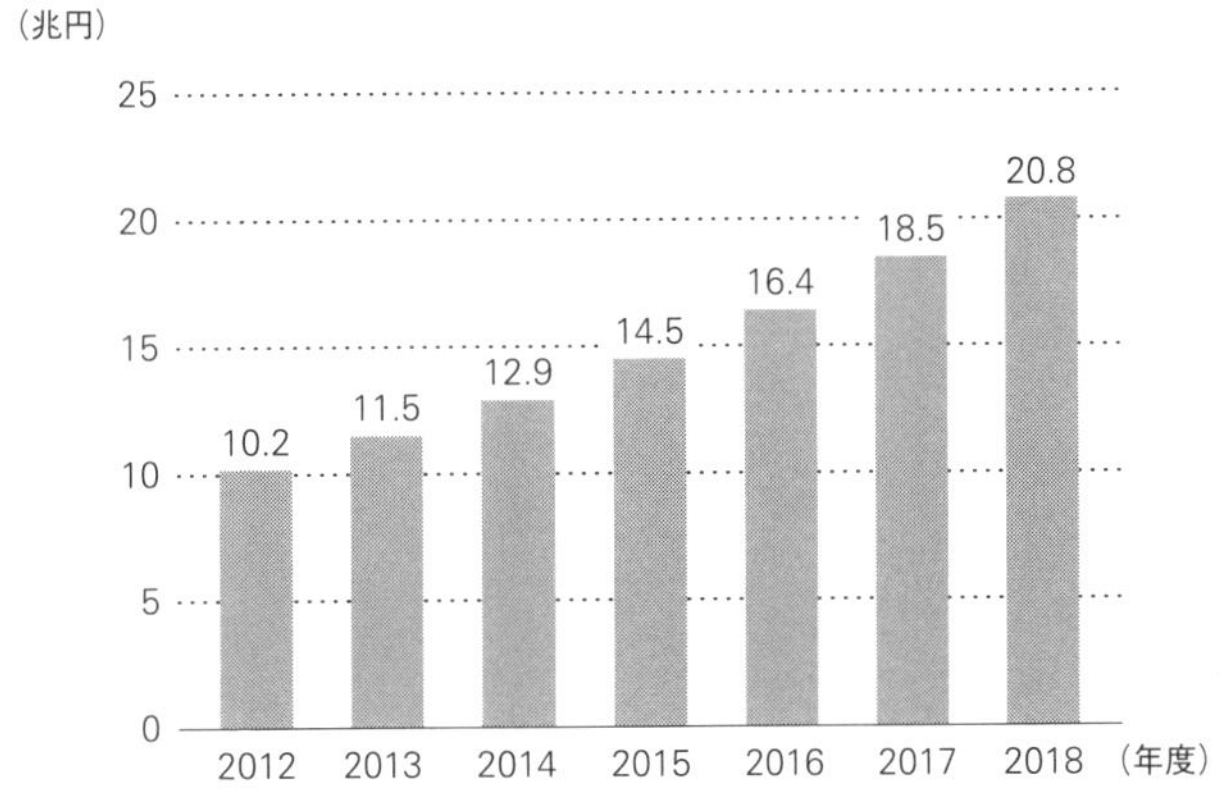

出典：野村総合研究所

が２０１２年度には20％を超え、これからも拡大する」「ＥＣの出店コストの低下に伴い、中小企業によるＥＣが活性化し、オムニチャネル化も進む」などとみている。

通販におけるネットの利用方法の変遷

これまでの通信販売とインターネットとの関係には一定の段階があった。

まず、インターネットが通信販売で使われるようになったのは**注文手段**としてである（第1段階）。以前はハガキだったものが、次第に電話による注文が主流になり、それからファックス、さらにインターネットへと移行してきた。いずれにしろ、ネットはまず注文の手段であった。

この段階では、紙のカタログが購入者の手元にあり、ネット上での商品画像はまだなかった。オーダーフォームにカタログの申し込み番号を打てば商品が届くというものである。

第2段階として、商品写真をコンテンツとして載せた**「売り場」としてのサイト**が登場してきた。注文するだけでなく、商品を見て選べるものである。この段階からインターネットの特徴が生かされるようになってくる。分厚いカタログをめくらなくても、自分のほしい商品だけ画面上に呼び出せばいい。また、検索機能を使ってジャンル別、メーカー別、価格別など自由に選んで探すことも簡単だ。さらに、他のユーザーによるコメントやリコメンデーションを参考にすることもできる。

第3段階では、**売る側と買う側双方のコミュニケーション**が可能になった。購入しての感想がレビューとしてサイト上に掲載されたり、SNSでキャンペーンの案内がされたり、1対1のやり取りが展開されるのである。現在のネット通販はほぼこの第3段階に達しており、双方向のコミュニケーションをどう深めていくかが課題とされる。

さらに今後、第4段階としてクローズアップされるのが、**リアル店舗とネット通販との融合**である。リアル店舗とネット通販は従来、別の販売チャネルとして捉えられてきた。しかし、消費市場の成熟とともに多様化する顧客のニーズをきめ細かく受け止め、業態を超えて繰り広げられる激しい競争に打ち勝っていくには、リアル店舗とネット通販の相乗効果には大きな可能性がある。現在、「O2O」（Online to Offline）や「オムニチャネル」として注目されている動きがまさにこれだ。

2. 各方面で広がる新しい動き

「宅配研究会」～ネクスト・ラストワンマイルの構築

各配送キャリアの宅配便料金値上げの動きは第1章で述べたが、ここでご紹介したいのが「宅配研究会」の活動だ。

戦略物流専門家でイー・ロジット代表取締役でもある角井亮一氏の呼びかけで大手通販会社やネット通販物流代行企業が集結し、「安定供給」「安定価格」を配送キャリアと協調しながら、ネクスト・ラストワンマイルの構築をしようと活発な取り組みを始めている。

ネット通販の売上規模は2013年度で11兆円、宅配個数は36億個である。これが2018年、20兆円規模になった時には何億個の宅配個数になるだろうか。2倍まではいかないとしても60億個クラスの宅配個数をこなせるインフラがないと、ネット通販市場も頭打ちになることは明らかだ。

実は、大手配送キャリアも今のままでは60億個のレベルになると対応が難しいと感じている。なぜなら、それだけの量を運ぶだけのドライバーがいないし、インフラのキャパも足りないからだ。

さらに、各社が頭を悩ましているのが不在再配達だ。キャリアによって再配達率は違うが、1回で配達完了できるのは60%とも50%とも言われている。40%から50%は2回、3回と無駄なガソリンと人件費をかけて配達しているのだ。

そこで「宅配研究会」では、配送キャリアが円滑に配達できるよう協力できる方法を模索している。例えば、配送キャリアのインフラを補完する新たなラストワンマイルとして、
①コンビニ等のショップでの商品受け取り
②宅配ロッカーによる商品受け取り
③地域配送キャリアによる配達網の活用
などができないか、討議しているところだ。特に①と②は再配達の心配がない手法である。

「宅配研究会」に参加している企業の出荷個数（＝宅配個数）を合計すると1億個を上回る。ゆうパックの4億個と比べても相当な量を持つ集まりであることをご理解いただけるだろう。

「宅配研究会」がネット通販市場の物流インフラを大きな視点で構想し、実現しようとする取り組みにはぜひ注目していただきたい。

《コンビニによる「クリック&コレクト」の拡大

「クリック&コレクト」は、ネット上で購入した商品について、自宅への配送のほか指定店舗での受け取りも選択できるというものだ。

セブン&アイでは最近、ネット通販で購入した商品が早ければ当日、指定のセブン－イレブンで受け取れるサービスを開始した。ローソンも、店頭設置の端末ロッピーでアマゾンの商品を注文し、当該店で商品を受け取れるサービスの開始を発表した。

コンビニ側としては、商品を受け取りに来た顧客がついでにコンビニ商品を買っていく確率が高いことがメリットである。そのため、例えばローソン以外のコンビニにとっては、アマゾンでネット通販を利用する既存顧客をローソンに取られる可能性がある。今後、リアル店舗展開企業が自社の顧客囲い込みのために、クリック&コレクトを強化していくことは容易に想像できる。

「宅配研究会」の動きとともにコンビニ受け取りサービスはネクスト・ラストワンマイル

として消費者の選択肢に入ってくるだろう。

オムニチャネルの進展～「カメラのキタムラ」の先進事例

オムニチャネルの進展はコンビニ以外のリアルショップにも広がっている。第５章で紹介した「オジエ」のように、店で試着し自宅へ配送したり、逆にネットで注文して店で受け取る（クリック＆コレクト）、といった消費行動に対応したサービスが広く普及していくだろう。

ここではリアルショップとネットショップの融合で最先端をいく「カメラのキタムラ」の事例を紹介しよう。

「カメラのキタムラ」の年商１３４２億円の内、４３５億円（２０１３年度実績）がネット関連の売上で、その７割近い２８９億円が店頭受け取りとなっている。「キタムラネットショップ」でカメラを注文し、キタムラの店頭で店員から詳しく商品の取り扱いや、綺麗な写真の写し方のレクチャーを受けてから受け取ることができるのだ。必要なら液晶フィルムの貼り付けサービスや、フィルターなど必須アクセサリの追加購入も店員に相談できる。

さらにスマホ版の「キタムラネットショップ」では商品ページにある「買い物カゴに入れる」ボタンのすぐ下に「電話で相談・注文」ボタンがあり、それを押すと「お客さまなんでも相談室」（コールセンター）に電話が繋がる。対応するのは「カメラのキタムラ」の元店長やベテラン揃いのオペレータ社員で、カメラの購入から使い方まで、顧客の相談に乗っている。必要なら代理で購入手続きもし、店頭や宅配（代引）で受け取れるところまでやってくれるのだ。

店頭にない商品の取寄せには「ＥＣタブレット」が活躍する。画面で店員と一緒に、商品とその納期を確認しながら注文できるので安心して頼める。この仕組みもＥＣ部隊がサポートしている。

「カメラのキタムラ」のサービスは、顧客視点で組み立てられ、商品を手に取れないネットの弱みをリアルが補完し、品揃え・在庫数に限界があるリアルの弱みをネットが補完する画期的なものといえるだろう。

《オムニチャネルの進展にともなう物流の変化

以上のようにリアルショップとネットショップの融合が進む中で、ネット通販物流はどのように変化していくのだろうか。

リアルショップを展開しているアパレル企業がネットショップを拡大していく過程を例にとってみてみよう。

スタート時点ではネットショップの売上はあまりないということで、リアルショップの物流倉庫の片隅でスタートする感じになる。在庫もリアルと共有というパターンが多い。リアルショップの在庫をそのまま発送するというパターンもある。

ところがネットショップの売上が増えるにつれ、在庫の取り合い状態が発生する。物流センター側では店舗出荷を優先にするため、後回しにされたネットショップがピッキングに入った時にはすでに在庫がなくなっているという事態が頻発し、ネットショップの店舗評価が悪化、クレームの増加という現象が起こる。

この問題を解決するにはリアル在庫とネット在庫を分ける必要がある。ネットショップは他のリアルショップと並列した1店舗という考え方で、独立した在庫を確保し、ネット上に表示していくのだ。

ネットショップが確保した在庫がなくなれば、ネット上はソールドアウトとなる。ただし、売れ行きに応じてショップ間の在庫移動を行い、販売機会損失と残在庫を減らすために全店舗を統括する在庫マネージメントを導入することで、売れるネットショップはその都度、リアルショップから在庫を廻してもらえるようになるだろう。

次の段階はネットショップの売上が、リアルショップを超えるタイミングだ。

このタイミングではオムニチャネル化が進展しているため、顧客もクリック&コレクトや店舗で試着して自宅へ配送ということが増えてくる。

エンドレスアイル（無限の棚）の考え方を進展させると、店頭在庫は少なくてすむようになる。4サイズ4色展開のパンツをこれまでは4×4で16着、店に置く必要があったのが、エンドレスアイルを推し進めると、1サイズずつ色違いが4着あればよく、試着して合ったサイズで好みの色のパンツが、倉庫で裾直しされて自宅に届くといったことになる。

この段階では商品在庫はネットショップ用が一番多くなり、リアルショップで売れた在庫をネットショップ用から補充するといったオペレーションに変わっていく。

この段階で使用される倉庫は、オムニチャネルに対応した、様々な機能を持った倉庫に変貌している。

たとえば、新商品が入荷すると、「**ササゲ**」ラインに商品は搬送される。「ササゲ」というのは撮影、採寸、原稿アップの頭文字をとった言葉である。

当社の倉庫ではすでに、カメラマンやコピーライターが常駐し、商品の撮影や採寸、商品の特長コピーの作成をしているため、入荷後、スピーディにネットショップ用の商品デ

図表44　商品撮影とミシン加工の例

<撮影コーナー>

<ミシン加工>

ータがアップできるようになっている。

また、ミシン10台とアイロンスティーマを完備しており、ネットショップからのパンツの裾直しやワイシャツの裄丈詰めの依頼に対応。受注から出荷までのリードタイムの削減に寄与している。

その他、年始セール用に福袋を作る工程も倉庫の中で行える。わざわざ商品を福袋作りの拠点に移動する時間とコストの削減ができるのである。

このようにオムニチャネルの進展にともない、リアルとネットの物流は大きく変貌しつつあることをぜひ認識していただきたい。

3. フル・アウトソーシングのメリット

あるネット通販のケース

ネット通販における物流の今後について、最後に触れておきたいのがフル・アウトソーシングの可能性である。これは、従来の在庫管理と出荷業務のみならず、その前段階である受注と決済、また後段階である輸配送までをも統合したトータル・サービスである。

当社クライアントのX社は、新規事業として化粧品のネット通販に17年ほど前に参入した。当初から物流をアウトソーシングするとともに、当社のネット通販向け統合システム『通販シェルパ』を導入。さらに7年前からは、電話によるコンタクトセンターと決済（一部の後払い）、物流についても当社を中心に外部委託するようになった。

現在、X社のスタッフは商品開発や販売企画、およびプロモーションに集中し、その他「フルフィルメント」の大部分はアウトソーシングしている。

そして毎月1回、X社、コールセンター企業（コンタクトセンター運営）、スクロール360（在庫管理・発送担当）、配送キャリアが一堂に集まって物流会議を開催している。狙いは2つあり、クレームの削減や業務手順の改善による業務品質の向上。もうひとつは、新商品の投入や新しいプロモーションの実施にともなう受注数の変化に対応したオペレーションの変更、見直しをスムーズに行うことである。

出荷業務のオーダーメイド化

このフル・アウトソーシングでは、当社がフルフィルメント全体の流れを把握し、コントロールしているため、各業務の連携と効率化を進めやすい。

複数の企業にまたがってのアウトソーシングではあるが、毎月、関連するチームで定例会を開くことで、意志統一・課題の共有を行い、チーム毎に改善を推進していく手法である。X社の下請け企業群ではなく、**X社を中心としたパートナーグループという関係**だ。

下請けの場合、あくまで「X社からの指示待ち」という姿勢になりやすい。しかし、パートナーであれば、自ら積極的に業務改善を行っていく姿勢が基本となる。

たとえば、当初はバッチ方式でピッキングを行っていた。128オーダーで1バッチとして商品を集め、個別オーダーに分けて梱包していたのである。しかし、作業効率があまりよくないことから、当社の提案により8年前からオーダーピッキング方式に変更。オーダー毎にまず白カゴに商品をピッキングし、検品者がそれをバーコードでチェックした上で黒カゴに移し、その後梱包する形にしたのである。

さらに1年前からバーコード検品と連動したオンデマンド印刷方式に変更した（115P参照）。検品と梱包作業を同時に行うこととし、商品に触る人数を3人（3回）から2人（2回）に減らしたのである。これによっていっそう作業時間の短縮とクレームの減少が可能になった。

事前の伝票発行では作業指示書のみを発行し、その作業指示書にしたがってピッキング。

図表45　X社の業務スキーム

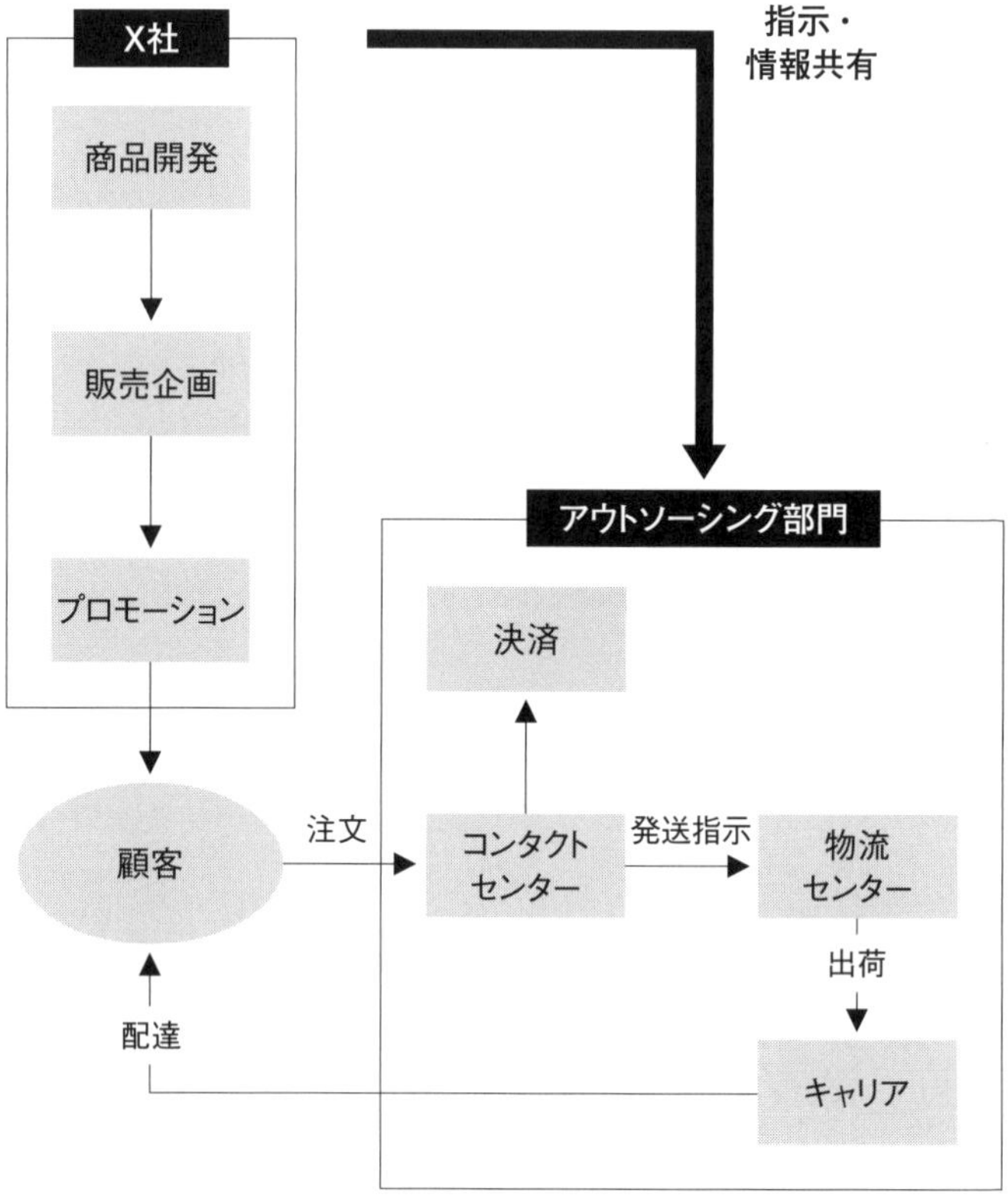

次の検品者が作業指示書のバーコードを読みとるとその顧客の注文データが画面に出て、1点1点バーコードで読み取りながらダンボール箱に入れていき、すべてが読み取りOKにならないと、納品明細書が印刷されない。また、その納品明細書のバーコードを読み取らないと、送り状が出てこないしくみとなっている。

これは、間違いがあると次の手順に進めないというシステムなので、これにより、誤配送は理論上ゼロとなった。

X社と当社が協力して物流品質を高め、そのことが結果としてX社の顧客サービスの向上につながり、ひいてはX社の業績が上がる、出荷が増えることで当社の売上も上がるという良いスパイラルになっていくのである。

新しい化粧品と健康食品の専用倉庫が完成

スクロールでは、浜松市にあるロジスティクスセンター浜松西に、新しい化粧品と健康食品の専用物流センターを建設し、2015年3月より稼働を開始する。スクロール360が運営を担当する。

この物流センターは、「クリーン（衛生管理とセキュリティ管理）」、「クール（化粧品・サプリメント商材専用の賢いオペレーション）、「キャパシティ」（出荷処理能力の向上）という3つのCを設計のテーマにしている。

具体的には、化粧品と健康食品の商品流通に適した最新の物流装置と倉庫管理システム（WMS）を導入し、正確性・リードタイム・商品品質維持・衛生管理・セキュリティ管理において高い物流品質を実現する。そして、出荷処理能力を従来比で30％向上させるのが目標だ。特に倉庫管理システム（WMS）にはいま紹介したX社での経験を全面的に取り入れている。

またこの物流センターでは、リアルタイムの作業進捗管理を行い、クライアントへの迅速な情報共有と最適な要員配置を行うための管制室を設置する。さらに、化粧品と健康食品のサプライチェーンで必要とされる「化粧品製造（包装・表示・保管）」および「医薬部外品製造（包装・表示・保管）」を行う施設を備えることにより、同商材に特化した付加価値サービスの提供を行う予定だ。

物流アウトソーシングの新しい可能性を具現化した施設として、多くのクライアントに活用していただければ幸いである。

図表46　「コスメティクス・サプリメント専用物流センター」

第6章のまとめ

□ネット通販市場の成長は今後もなお続き、小売業における最大のチャネルとなる可能性が高い。

□O2Oやオムニチャネルといった、リアル店舗とネット通販が融合した新しいビジネスモデルが注目されている。

□フル・アウトソーシングは競争が激しくなるネット通販および小売市場における新たなソリューションといえる。

おわりに

スクロール（当時ムトウ）に入社したのは1981年、当時、通信販売というのは小売のメジャーなチャネルでは無かった。最初に配属された大阪営業所では、婦人会の会長さん宅を訪問し、カタログの回覧のお願いと説明をするのが仕事だった。「写真じゃ買えない！」とか「不良品が来たらどうするの？」という声に毎日汗水流して対応し、通販が安心して使えることを説明する毎日だった。

月日は流れて今では女子高生が通学途中にスマホでファッションを購入する時代になっている。通販はネット通販に進化し、メジャーなチャネルになったのだ。

1980年代の総合通販を源流として、1990年代の単品通販、2000年からのTVショッピングとEC、さらに2010年代のクロスメディアからオムニチャネルへと、時代とともにネット通販は進化してきている。また、1980年ころは10年ピッチでの進化だったのが、２０１０年代に入りパソコン→携帯→スマホ・タブレットとデバイスの進化も加わり、またＳＮＳの普及といった消費者参加型メディアの普及もあり、２年ピッチくらいの進化スピードになってきている。

これから10年先、ネット通販はどんな形に変化しているだろうか。国を飛び越える越境通販という流れも加わって、まだまだ進化は続いていくだろう。

その一方、今回取り上げたネット通販物流は、時代がどんなに変化しても、基本は変わらないと思っている。バーチャルな売り場がどんなに変化しても、商品というリアルな物体を動かさないとネット通販は完成しないからだ。楽天市場ができ、急ピッチでネット通販のプレーヤーが増え始めて20年近くになるが、10万以上と言われるネット通販事業者の物流は、まだまだネット通販の進化に追い付いていないのが現状である。

本書に出会い、物流の重要性や基本を認識したプレーヤーが増えること、そしてプレーヤーの物流業務の負担が軽減され、経営効率が改善していくことを願っている。

高山隆司

[著者]
高山隆司（たかやま・りゅうじ）
株式会社スクロール３６０取締役 オムニチャネル戦略室長
1981年スクロール（旧ムトウ）入社後、34年にわたり通販ビジネスの実務を経験。2008年、通販企業をサポートするスクロール３６０設立に参画。以後、100社を超える通販企業の立ち上げや物流受託を統括。2014年からはオムニチャネル戦略室長として、他社のオムニチャネル戦略設計のコンサルティングに従事している。

ネット通販は「物流」が決め手！

2015年２月19日　第１刷発行
2022年11月29日　第３刷発行

著　者――――高山隆司
発行所――――ダイヤモンド社
〒150-8409　東京都渋谷区神宮前6-12-17
https://www.diamond.co.jp/
電話／03･5778･7235（編集）03･5778･7240（販売）

装丁&本文デザイン――加藤杏子（ダイヤモンド・グラフィック社）
編集協力――――古井一匡
製作進行――――ダイヤモンド・グラフィック社
印刷／製本――――勇進印刷
編集担当――――福島宏之

ISBN　978-4-478-02846-9